Ai miei genitori,
che mi hanno sempre incoraggiato e supportato
in ogni scelta importante

Eclissi!

Quando Sole e Luna danno spettacolo in cielo

Marco Bastoni

Springer

ISBN 978-88-470-2711-4   ISBN 978-88-470-2712-1 (eBook)
DOI 10.1007/978-88-470-2712-1

© Springer-Verlag Italia 2012

Questo libro è stampato su carta FSC amica delle foreste. Il logo FSC identifica prodotti che contengono carta proveniente da foreste gestite secondo i rigorosi standard ambientali, economici e sociali definiti dal Forest Stewardship Council

Foto nel logo: rotazione della volta celeste; l'autore è il romano Danilo Pivato, astrofotografo italiano di grande tecnica ed esperienza
In copertina: la corona solare ripresa dall'autore nel corso dell'eclisse del 1° agosto 2008, osservata dalla Mongolia
Layout copertina: Simona Colombo, Milano

Impaginazione: Erminio Consonni, Lenno (CO)

Springer-Verlag Italia S.r.l., Via Decembrio 28, I-20137 Milano
Springer fa parte di Springer Science+Business Media (www.springer.com)

Prologo

La mia prima eclisse di Sole fu quella di fine millennio (11 agosto 1999), che osservai dalle verdeggianti vallate austriache, ma l'avventura fu un disastro. Come molti altri spettatori sparsi in tutt'Europa, anch'io rimasi vittima della livida coltre nuvolosa che, in quell'agosto sfortunato, negò a migliaia di persone la contemplazione del Sole nero.

Sono dovuti trascorrere diversi anni, da quella cocente sconfitta di vecchia data, per giocare la partita di rivincita contro il maltempo; ma finalmente, il 29 marzo 2006, nel bel mezzo del Mar Mediterraneo, rimasi incantato di fronte alla grandezza e alla maestosità del Sole che scompariva dal cielo, gettando le tenebre a mezzogiorno e dispiegando tutt'intorno la delicata corona.

Fu un'esperienza indimenticabile e, pensandoci bene, a distanza di anni rimango ancora con lo sguardo trasognante se riavvolgo il nastro dei ricordi e ripenso a quei pochi minuti di terrificante bellezza, momenti che ho avuto la fortuna di rivivere ancora il 1° agosto 2008, osservando un'eclisse totale di Sole dalle aride steppe della Mongolia. Anche in quell'occasione, la spedizione per il Sole nero fu uno strepitoso successo.

Ma non sempre queste avventure ai quattro angoli del mondo sono destinate al successo, perché la maledizione del maltempo di tanto in tanto ritorna. Così, il 22 luglio 2009, il monsone asiatico non ebbe alcuna pietà e coprì, per centinaia di chilometri, i vasti territori cinesi mentre al di sopra di una pesante coperta di nubi grigie, si compiva l'eclisse di Sole più lunga della nostra vita.

A quando la prossima spedizione? Ancora non saprei con certezza, forse quella australiana del 13 novembre 2012, chissà…

A ben pensarci, l'oscuramento del Sole e la scomparsa della Luna dal cielo sono eventi che la nostra mente tende a rifiutare; troppo spaventosi e troppo al di fuori dall'esperienza quotidiana. Quando capita, durante il corso della nostra vita, che il Sole abbandoni, anche solo per pochi minuti, il cielo? Mai, ovviamente!

Ma, è proprio durante quei pochi, fuggenti, minuti di oscurità, che paiono volar via in un batter d'occhio, che tutto il mondo si ferma e si rimane attoniti, come sospesi, davanti alla bellezza che scorre tutt'intorno, mentre nella mente un fugace pensiero s'introduce di soppiatto e ci bisbiglia quanto siamo piccoli e insignificanti di fronte alla potenza della Natura. E se, da quel momento, il Sole non tornasse più a illuminare le nostre giornate? Se scomparisse dal cielo, trasformandosi per sempre in un grande occhio nero, come sarebbe d'ora in avanti nostra vita? Un lieve brivido di terrore ci scorre lungo la schiena mentre queste riflessioni si fanno strada in noi, fino a quando la luce finalmente ritorna e la salutiamo con un grande applauso.

L'uomo è l'unica creatura vivente che è riuscita ad abbandonare questo pianeta (penso alle missioni spaziali e ai viaggi sulla Luna), ed è anche l'unico essere vivente, in questo angolo di Cosmo, che ha la possibilità di comprendere, studiandolo, il funzionamento del mondo che lo circonda. Da sempre, non ci limitiamo a viverlo giorno per giorno, ma lo indaghiamo e lo esploriamo, cercando di carpirne i più intimi segreti, sospinti da quella molla irrefrenabile che è la curiosità e animati dal potente motore della nostra intelligenza.

Abbiamo capito il perché di tante cose grazie a chi, prima di noi, ha affrontato con ingegno e spirito critico la potenza di questi eventi, senza fermarsi davanti alla paura di sfidare, come allora molti credevano, la volontà divina; è grazie a popoli ormai scomparsi da migliaia di anni, che abbiamo scoperto la ripetizione delle eclissi.

A quel tempo l'uomo non aveva la possibilità di comprendere la causa di questi spettacoli celesti, non poteva in alcun modo intuire la profonda radice del problema; pertanto, tutto ciò che poteva fare, era osservare con attenzione, annotando con cura i fenomeni che si compivano in cielo, con il preciso intento di conservarne la memoria e tramandarla ai posteri. Qualcuno, prima o poi nel futuro, avrebbe utilizzato quelle informazioni e sarebbe proseguito nel completamento del *puzzle* della conoscenza.

La periodicità delle eclissi fu intuita, millenni or sono, dalle popolazioni mesopotamiche; pur senza avere la minima idea del perché tutto ciò accadesse, i Caldei riuscirono a decifrare l'armonia del ciclo di Saros (il cui significato è proprio *ripetizione*), consegnandola, molti secoli dopo, a noi uomini tecnologicamente avanzati, permettendoci di risolvere l'enigma che sta alla base di queste manifestazioni celesti.

Grazie alle antiche osservazioni, tutto il sapere del passato è giunto fino ad oggi, nelle nostre abili mani: il frutto della curiosità umana, che ha meticolosamente appuntato e registrato i fenomeni che si producevano nel mondo, si è alla fine mescolato con la conoscenza e il progresso scientifico moderno, permettendoci di decodificare gli ingranaggi che muovono in cielo la Luna e il Sole e consentono alle eclissi di tornare, ancora dopo millenni, a spaventare ed emozionare noi abitanti del piccolo pianeta azzurro.

Tutti abbiamo l'opportunità di provare queste forti emozioni, alzando lo sguardo al cielo e aspettando che la magia si compia e ci travolga. Questo libro vuole essere una guida per coloro che vogliono fare conoscenza con uno degli spettacoli più entusiasmanti ed emozionanti della Natura, quello delle eclissi di Sole e delle eclissi di Luna.

Se, arrivato in fondo al libro, il lettore sentirà dentro di sé la voglia mettersi alla ricerca di un'eclisse (magari approfittando dell'occasione per fare anche una bella vacanza), allora si troverà affacciato alla soglia di una strabiliante avventura turistica, scientifica ed emotiva, ogni volta diversa e sempre entusiasmante, che lo porterà a stretto contatto con la propria dimensione cosmica.

In fondo, siamo solo uomini curiosi che abitano questa minuscola Terra immersa nella vastità dell'Universo, capaci di provare dentro di noi intense emozioni, che altro non sono che quelle straordinarie qualità che ci elevano al più alto gradino di creature intelligenti.

Sono sicuro che ognuno di noi si lascerà scappare qualche lacrima di felicità e qualche esclamazione di meraviglia quando, guardando verso il cielo, l'ombra della Luna ci investirà in un istante, risucchiandoci nello spettrale buio della nostra prossima eclisse totale di Sole.

Marzo 2012

Marco Bastoni
www.astrofoto.it
mbastoni@libero.it

Sommario

1 La nostra prima eclisse di Sole

1.1 Alla ricerca del Sole nero

Di solito la valigia per un bel viaggio si prepara qualche giorno prima della partenza e, a meno che non siamo persone ben organizzate, generalmente in quei momenti il caos regna sovrano. Questa volta, però, dovremo limitare quanto più possibile la confusione e iniziare la preparazione della valigia con molti mesi di anticipo, perché il viaggio che stiamo per intraprendere richiede un'organizzazione perfetta, per portarci a fare la nostra prima esperienza con l'eclisse totale di Sole.

Sarebbe davvero un peccato assistere al magico evento in cui la notte scende a mezzogiorno e non portare a casa nemmeno una foto ricordo; e sarebbe ancora peggio compiere l'osservazione dal luogo sbagliato, perdendo così tutto lo spettacolo a causa delle scelte errate nella fase di pianificazione. Perciò, quando si viaggia per osservare eventi rari come questo, nulla deve essere lasciato al caso; la spedizione per l'eclisse totale di Sole va studiata nei minimi dettagli, sforzandosi di prevedere tutto quanto potrebbe andare storto e scongiurando così il rischio di veder fallire la spedizione. Ciò significa che gli errori non sono ammessi.

Destinazione, data e ora dell'evento e condizioni meteo che ci aspettiamo nel luogo prescelto sono i punti cardine che devono essere considerati, e li tratteremo qui con il dovuto dettaglio. La riuscita dell'impresa dipende in larga misura dalle considerazioni che faremo osservando la mappa dei territori in cui l'evento si svolgerà, che ci porterà a scegliere con sicurezza la meta finale; se poi anche la fortuna sarà dalla nostra, avremo il successo garantito.

Le eclissi totali di Sole, come si avrà modo di vedere nei capitoli a venire, sono fenomeni che non avvengono tutti i giorni e men che meno si rendono visibili proprio sopra casa nostra (a meno di non esser davvero baciati dalla fortuna). Magari fosse così!

Sebbene sulla Terra di verifichino almeno due eclissi di Sole ogni anno, i territori in cui lo *show* si mostra in tutto il suo splendore sono assai limitati e questo contribuisce a rendere raro il fenomeno; in più, non possiamo considerare come luoghi da cui tentare l'osservazione (a parte rare eccezioni) i territori inaccessibili e disabitati prossimi ai Poli, o le remote regioni che si perdono nelle vaste distese oceaniche.

La statistica ci insegna che, in media, è possibile osservare un'eclisse totale di Sole dallo stesso luogo una volta ogni quattro secoli! Mettiamoci, dunque, il cuore in pace: a meno di straordinari colpi di fortuna, con l'eclisse che passa proprio per la nostra città, dovremo scuramente viaggiare verso uno Stato estero e raggiungere i territori dove la Luna oscurerà il Sole, facendo ombra sulla Terra. Se saremo all'interno del cerchio d'ombra, allora vedremo l'*eclisse totale*, se invece saremo rimasti a casa potremo consolarci seguendo l'evento in televisione (ma non è la stessa cosa!). Non ci sono alternative.

Per nostra fortuna, questi straordinari *show* celesti sono ciclici e prevedibili, pertanto possiamo conoscere, con molti decenni di anticipo, in quali zone del pianeta le eclissi saranno visibili: la capacità che abbiamo di formulare una previsione accurata è senza dubbio un bel vantaggio.

L'eclisse di Sole è una partita a nascondino fra Luna, Sole e Terra, e la nostra conoscenza delle regole del gioco è così approfondita che oggi possiamo prevedere dove transiterà un'eclisse con un incertezza sul territorio di poche centinaia di metri.

Solo da alcune zone circoscritte del pianeta si può vedere la Luna avvicinare il Sole in cielo e oscurarlo: pertanto, non da tutti i luoghi sulla Terra è possibile osservare l'eclisse quando questa si verifica. Si tratta allora di capire dove l'evento sarà totale, regalando lo spettacolo più emozionante, dove si presenterà come parziale e dove, invece, non si manifesterà affatto. La scelta della destinazione del nostro viaggio inizia proprio da qui.

Una ricerca su Internet metterà a nostra disposizione diversi programmi e decine di siti *web* che trattano l'argomento: fra questi, il più completo e ricco di dettagli è quello che la NASA ha dedicato al fenomeno (raggiungibile all'indirizzo **http://eclipse.gsfc.nasa.gov/eclipse.html**), curato dal noto cacciatore di eclissi Fred Espenak. La ricchezza delle informazioni che si possono trovare qui potrebbe disorientare il non addetto ai lavori, che troverà molto più semplici le mappe interattive di Google Maps (consultabili anch'esse dal sito NASA), oppure utilizzare un comodo *plugin* per Google Earth, facilmente reperibile e scaricabile gratuitamente da Internet (utilizzando i motori di ricerca, oppure digitando il *link* diretto **http://xjubier.free.fr/en/site_pages/SolarEclipsesGoogleEarth.html**).

Con pochi *click*, Google Earth fornirà tutti i dati delle eclissi di nostro interesse sovrapponendoli a una bella vista del nostro pianeta dal satellite; grazie alla funzione *zoom* inclusa nel programma, si potrà individuare dettagliatamente la posizione osservativa più idonea per gustare l'evento.

In ogni caso, il sito *web* della NASA è la fonte di dati più completa e precisa, pertanto noi ci baseremo su queste informazioni.

Un particolare allineamento fra Terra, Sole e Luna è responsabile della formazione delle eclissi di Sole: quando la Luna si posiziona fra il Sole e il nostro pianeta, la sua ombra intercetta la superficie terrestre, oscurando i territori posti all'interno di essa (Fig. 1.1); un osservatore che, in questa area, rivolge lo sguardo al cielo, vedrà la Luna sovrapporsi, completamente o in parte, al luminoso disco del Sole.

Il meccanismo che permette la sovrapposizione celeste sarà affrontato dettagliatamente nel capitolo 3 e quindi, per il momento, accontentiamoci di questa rapida spiegazione per capire il fenomeno nei suoi tratti generali.

Per dare al cercatore di eclissi un riferimento geografico chiaro circa i territori in cui si può osservare l'oscuramento del Sole, si utilizza una mappa del globo

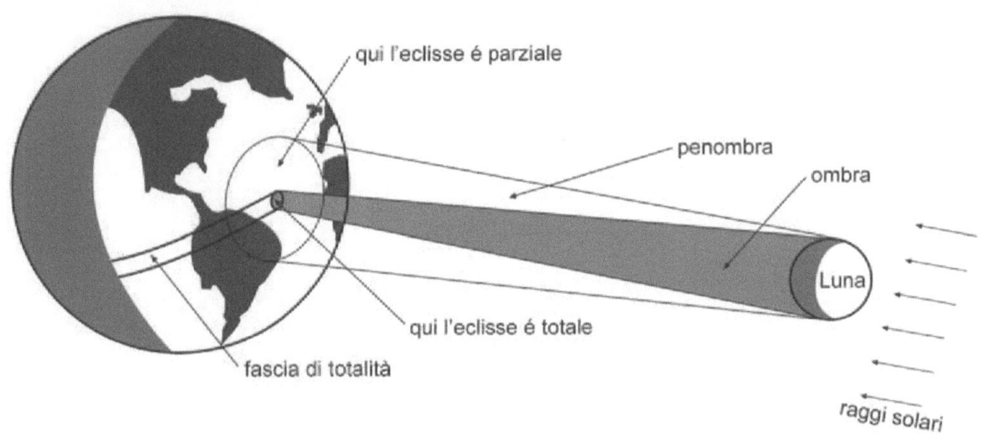

Figura 1.1. Come si verifica un'eclisse di Sole. Il cono d'ombra della Luna raggiunge la Terra e traccia la fascia di totalità sulla superficie: solo dai territori interni a questo stretto corridoio è possibile osservare l'oscuramento completo del Sole (eclisse totale di Sole). Nelle zone interessate dal cerchio di penombra l'eclisse è parziale, mentre all'esterno di questo l'evento non si produce affatto (disegno non in scala).

terrestre in cui sono riportate una serie di curve, come mostrato in Fig. 1.2; in particolare, questa immagine mostra i territori terrestri attraversati dall'eclisse totale di Sole del 13 novembre 2012 e le linee mostrano come questo evento, pur concentrandosi prevalentemente sull'Oceano Pacifico, accarezzi anche una stretta zona nel nord-est dell'Australia, i territori del Queensland.

Ogni eclisse ha le sue curve caratteristiche riportate sul globo terrestre e l'analisi dei territori compresi fra queste linee ci aiuta a capire in che modo l'eclisse si manifesta, indirizzandoci verso l'importante scelta del luogo di osservazione.

Ma come interpretare correttamente queste curve?

Utilizziamo la Fig. 1.2 come esempio generale e portiamo l'attenzione allo stretto corridoio orizzontale al centro delle curve, solcato dai cerchietti: questa zona, lunga e stretta, è la *fascia di totalità*, e indica quali zone della superficie terrestre sono attraversate dall'*ombra lunare* e sono teatro dello spettacolo più interessante. È qui che la Luna andrà a coprire completamente il Sole e produrrà tutti i fenomeni che si andrà via via a conoscere più avanti. Se non saremo all'interno di questa fascia, il cielo non diverrà buio, non risplenderanno le stelle più luminose, né i pianeti e, cosa più importante, non si potrà osservare la corona, quella splendida aureola drappeggiante di luce dai colori iridescenti che circonda tutto il Sole.

Le restanti curve, che si spingono verso nord fino al centro del Pacifico e sul continente antartico a sud, rappresentano i luoghi interessati dalla *penombra lunare*, ovvero le zone da cui è possibile osservare solo la parziale sovrapposizione della Luna sul Sole. A colpo d'occhio risulta subito evidente come l'ampiezza della fascia di totalità sia molto esigua se confrontata con la vastità della penombra

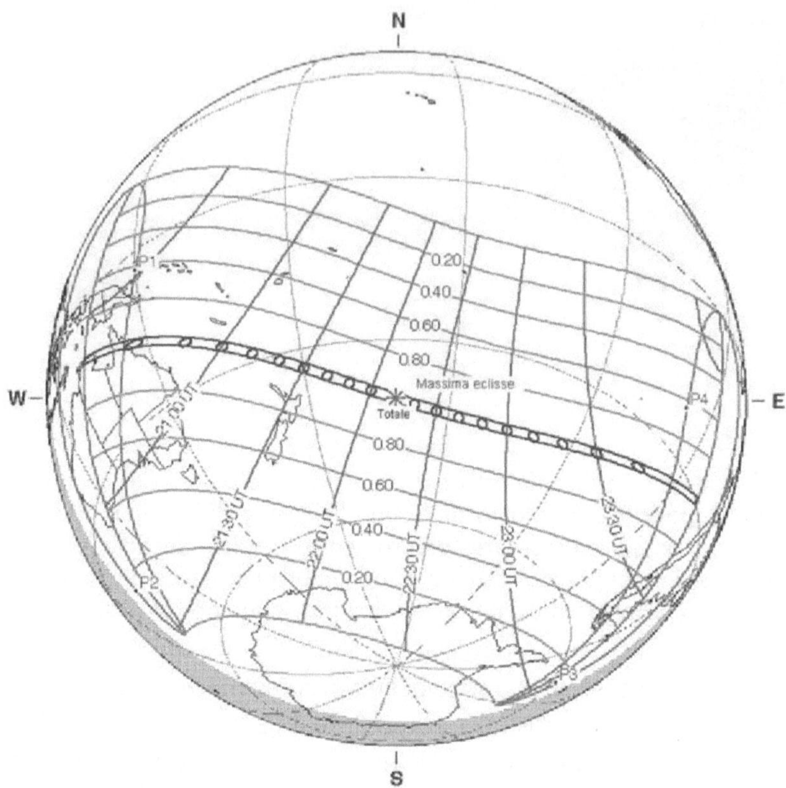

Figura 1.2. Il percorso dell'eclisse totale di Sole del 13 novembre 2012. La fascia di totalità è il corridoio centrale attraversato dai cerchietti; altrove l'eclisse è parziale e la percentuale di diametro solare oscurato (magnitudine) cala quanto più ci si allontana dalla fascia. Esternamente a queste curve, oltre i limiti nord e sud, l'eclisse non si produce. (cortesia di Fred Espenak, NASA/GSFC)

lunare, e ciò contribuisce a rendere raro il fenomeno, poiché sono solo gli osservatori che si trovano all'interno di quello stretto corridoio a vivere l'eclisse totale. Tutti gli altri si dovranno accontentare di un evento parziale.

La selezione del luogo da cui osservare all'interno della fascia di totalità deve nascere dall'analisi di alcuni importanti fattori, fra cui la durata della totalità, le statistiche meteo per il periodo dell'anno considerato, l'accessibilità del sito osservativo e l'altezza del Sole sull'orizzonte al momento dell'evento. Non possiamo certamente scegliere un luogo a caso, magari perché è solo turisticamente interessante o comodo da raggiungere.

L'eclisse perfetta si svolge con il Sole alto sull'orizzonte, nel luogo in cui la totalità esibisce la massima durata e con la situazione meteo che garantisca il cielo sereno; ma non sempre il luogo ideale si trova in territori facilmente raggiungibili! Ad esempio, per l'eclisse australiana del 2012 il punto di miglior visibilità è nel bel mezzo dell'Oceano Pacifico. Pertanto, molte volte si dovrà scendere a qualche compromesso, magari sacrificando qualche secondo di totalità in favore di territori con più alta probabilità di cielo terso o più facilmente accessibili. Non dobbiamo dimenticare che l'obiettivo della nostra missione è garantirci a tutti i costi la visione dell'eclisse, quindi è meglio accontentarsi di un evento fugace piuttosto che mirare a tutti i costi alla zona dove l'eclisse ha la durata massima, ma sfidando i pericoli e l'incertezza del meteo, correndo così il rischio di non riuscire a vedere nulla.

La durata della fase totale varia da eclisse a eclisse e dipende da alcuni fattori che saranno dovutamente trattati nel capitolo 3: per ora ci limiteremo a dire che, percorrendo la fascia da est a ovest nel senso della lunghezza, l'eclisse non mostra ovunque la stessa durata. Essa dura di meno in prossimità dell'inizio e della fine della fascia, mentre esibisce la massima durata nel mezzo. Questo luogo, in cui l'evento si svolge attorno al mezzogiorno locale, è solitamente indicato sulle mappe con un asterisco e riporta la dicitura "massima eclisse" (vedi la Fig. 1.2). Non vi sono altri territori, lungo la fascia, in cui l'evento duri più a lungo.

È scontato dire che l'osservatore dovrebbe cercare di recarsi proprio qui. Se però non ci fosse modo di raggiungere questo punto, allora si dovrà optare per altri territori distribuiti lungo la fascia e, anche in questa circostanza, non è possibile scegliere a caso.

Il corridoio di totalità ha un'ampiezza che, normalmente, raggiunge il centinaio di chilometri. Tenendo sempre a mente che la nostra posizione nel corridoio di totalità influisce sulla durata dell'evento, qual è, all'interno di quest'ampiezza, il territorio corretto da scegliere?

Guardando con attenzione la fascia di totalità in Fig. 1.3, possiamo notare come questa sia attraversata dalla *linea di centralità*, regione in cui si ha la garanzia di vivere la massima durata locale dell'evento. Qui l'eclisse totale si dice *centrale*, poiché il centro del disco lunare passa sopra il centro del disco solare.

Discostarsi dalla linea, pur rimanendo all'interno del corridoio di totalità, significa accontentarsi di una durata inferiore, poiché la Luna non passa più sul centro del Sole, e quindi può mantenerlo oscurato per meno tempo. I territori sulla linea di centralità limitrofi al punto di massimo dell'eclisse sono, dunque, i luoghi di osservazione da preferire.

La scelta del territorio corretto è un fattore cruciale e ogni osservatore vorrebbe sempre poter raggiungere facilmente il piccolo asterisco riportato sulle mappe; come però abbiamo già detto, il più delle volte si è chiamati a ridimensionare l'obiettivo e a scegliere territori differenti; è un ottimo esempio di tutto ciò l'eclisse del 13 novembre 2012.

Se si vuole assistere all'evento australiano dalla terraferma, la scelta del compromesso è obbligatoria, poiché la fascia di totalità lambisce solo una stretta porzione dei territori settentrionali del continente. Si dovrà andare lì e non altrove,

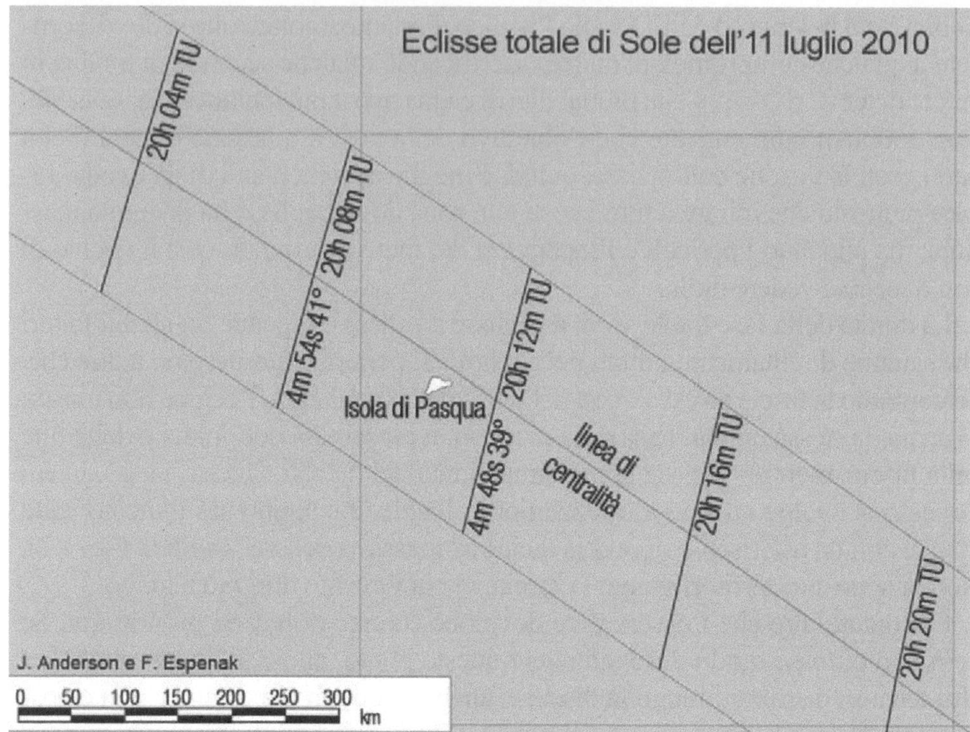

Figura 1.3. Dettaglio della fascia di totalità dell'eclisse totale di Sole dell'11 luglio 2010: l'Isola di Pasqua si trova prossima alla linea di centralità. Un osservatore posto su questa linea osserva il centro del disco lunare passare sopra il centro del disco del Sole, assistendo alla massima durata possibile dell'eclisse per quel territorio.

anche perché la fascia abbandona rapidamente queste zone e si inoltra nell'Oceano Pacifico senza mai più incontrare un piccolo lembo di terra; chi volesse spingersi oltre e tentare un'osservazione di durata maggiore, potrà imbarcarsi e navigare per mare, restando sempre all'interno del corridoio di totalità e il più vicino possibile alla linea di centralità.

L'eclisse australiana attraversa prevalentemente la grande distesa oceanica e offre ben poche opportunità di osservazione, ma fortunatamente non tutte le eclissi si mostrano così schive nei confronti della terraferma; memorabile è stata l'eclisse dell'11 agosto del 1999, che ha interessato quasi esclusivamente il vecchio continente, regalando emozioni e spettacolo dalla Cornovaglia fino alla Turchia. Anche l'eclisse del 1° agosto 2008 preferì il continente alle acque, passando per otre metà della sua durata nei territori siberiani e spingendosi fino alla Mongolia.

Un'eclisse che, invece, ha dribblato abilmente la terraferma è stata quella dell'11 luglio 2010, che fu visibile solo dai piccoli atolli della Polinesia francese, dalla piccola e remota Isola di Pasqua e da una sottilissima striscia di terraferma cilena, rimanendo per gran parte del suo viaggio sopra le calme acque del Pacifico.

Finora abbiamo imparato che osservare l'eclisse totale significa non portarsi mai al di fuori del corridoio di totalità, dove i territori sono interessati solo dalla penombra lunare e non dall'ombra: qui, infatti, il Sole viene coperto solo per una frazione del disco, più o meno cospicua, e il fenomeno prende il nome di *eclisse parziale*. Le linee orizzontali in Fig. 1.2, parallele alla fascia di totalità, sono accompagnate da un numero che esprime la frazione del diametro del disco solare occultato dalla Luna (*magnitudine dell'eclisse*). Pertanto, se osserviamo da un luogo in cui il valore è 0,40, sappiamo che, in quella zona, il Sole verrà coperto al massimo nella misura del 40% del suo diametro e così via; spostandosi in latitudine, e avvicinandosi alla fascia di totalità, il numero cresce sempre più, a precisare che una maggior porzione di Sole sarà occultata dalla Luna.

Nell'area interessata dall'eclisse parziale non si assiste a nessuno spettacolo particolarmente interessante, a meno che il fenomeno non si sviluppi all'alba o al tramonto del Sole; allora, una bella mezzaluna di Sole si avvicinerà agli elementi paesaggistici che poggiano sull'orizzonte, creando uno scenario inusuale e molto suggestivo.

Nemmeno accostandoci al bordo del corridoio di totalità, dove la frazione del disco solare occultato diventa del 99%, potremo gustarci il fenomeno appieno: se il Sole non è coperto al 100% la spettacolarità dell'eclisse viene meno e la maestosa corona iridescente si vedrà debolissima e solo per un breve istante, subito inghiottita dalla soverchiante luce solare. In pratica, sarebbe una vera sofferenza sapere che a pochi chilometri da lì il fenomeno è magico e completo e perdura alcuni minuti, mentre noi siamo appena un passo al di qua dello spettacolo e possiamo godercelo solo per un paio di fugaci secondi...

Sulla Fig. 1.2, mano a mano che ci si sposta in direzione nord-sud e ci si allontana dalla fascia di totalità, la frazione di Sole occultato decresce, fino ad arrivare all'esterno delle ultime curve che delimitano i margini nord e sud dell'evento; oltre questi limiti l'eclisse non si produce affatto, in quanto nemmeno la penombra della Luna arriva a interessare quei territori (ad esempio il Polo Sud o le isole Hawaii); muovendosi invece in direzione est-ovest si arriva ai limiti in cui essa intercetta il terminatore terrestre (che è la linea che separa l'emisfero illuminato della Terra da quello immerso nella notte): oltre questi confini, l'eclisse risulta inosservabile in quanto il Sole non è ancora sorto, come nel caso delle regioni più occidentali dell'Australia, oppure è già tramontato (è il caso di una porzione del Cile e di parte dell'America del Sud).

Per interpretare correttamente le curve delle eclissi sulla superficie terrestre, analizziamo la Fig. 1.5, che mostra un esempio generico. Nelle aree circolari poste ai lati, l'eclisse si svolge al mattino (a sinistra) o al tramonto (a destra) e con il Sole molto basso sull'orizzonte. La linea verticale che divide a metà questi lobi indica il punto in cui l'eclisse mostra la massima copertura possibile del Sole proprio al momento dell'alba, o del tramonto, con il Sole appoggiato all'orizzonte.

Figura 1.4. Il 10 maggio 1994 si verificò un'eclisse anulare di Sole che, dal nostro Paese, fu visibile come parziale al tramonto del Sole. La foto è suggestiva perché il Sole tramonta eclissato, avvicinandosi all'orizzonte sotto forma di una falce luminosa. (cortesia di Alberto Zinelli e Marco Amoretti)

Internamente all'area colorata di grigio, l'eclisse è visibile dall'inizio alla fine, esibendo la sua durata massima nel punto in cui si sviluppa al mezzogiorno locale, a metà della lunghezza del corridoio di totalità.

Oltre i limiti nord e sud, la Luna non tocca mai il disco solare, pertanto l'eclisse non si produce.

Esistono eclissi che non diventano mai totali per nessun luogo della Terra e si manifestano solo come parziali, non presentando, nelle loro curve, alcuna fascia

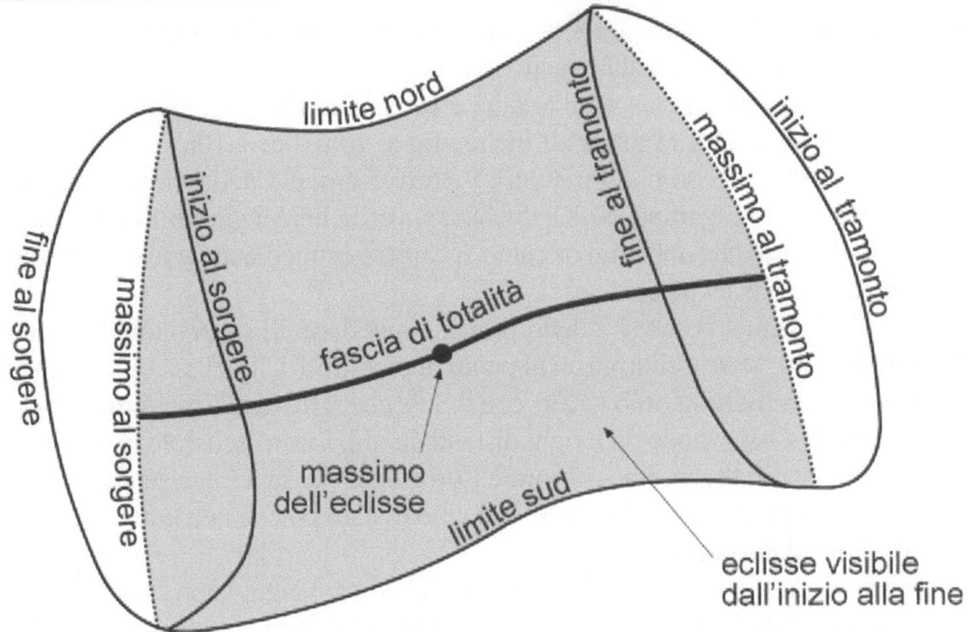

Figura 1.5. Esempio di come si presentano le curve, proiettate sulla superficie terre-stre, di un'eclisse totale (o anulare) di Sole. Solo all'interno di queste curve l'eclisse si rende visibile, manifestandosi all'alba all'interno dell'ovale di sinistra, o al tramonto nell'ovale di destra. Al centro, corre la fascia di totalità.

di totalità; l'eclisse del 4 gennaio 2011, che si svolse vicinissima all'alba, fu pro-prio di questo tipo.

Precisati i territori in cui ci si deve recare per assistere alla totalità, è tempo di mettere a fuoco l'orario esatto dell'evento, per conoscere in quale parte della gior-nata questo si sviluppa. Le eclissi di Sole si manifestano nell'emisfero illuminato del pianeta e l'evento si consuma lungo tutto l'arco della giornata, procedendo rapidamente da ovest verso est. Conoscere l'orario in cui l'eclisse interesserà il territorio scelto per la nostra osservazione è un altro elemento importante da co-noscere in anticipo, poiché ci fornisce anche una precisa indicazione circa l'altezza del Sole sull'orizzonte.

Utilizzando nuovamente la Fig. 1.2, spostiamo l'attenzione alle linee verticali che si aprono a ventaglio dall'alto verso il basso e che intersecano la fascia di to-talità. Ogni linea è affiancata da un orario espresso in TU (Tempo Universale), che è il tempo relativo al meridiano di Greenwich: per un orologio posto a Gre-enwich, l'eclisse si svolgerà alle 21h 00m del 13 novembre sulla seconda linea, alle 21h 30m sulla terza (che sfiora la Nuova Zelanda), alle 22h 00m sulla quarta e così via (ogni linea è separata dall'altra di trenta minuti). È evidente che alle 21h 00m del 13 novembre a Greenwich è già notte da qualche ora e che il Sole è certamente sotto l'orizzonte; per conoscere l'orario locale in cui l'eclisse avverrà nei territori del Queensland basterà sommare all'orario in TU il numero di fusi orari che separa l'Australia da Greenwich.

La zona dove passa la fascia di totalità è 10h avanti rispetto al fuso di Greenwich, quindi l'eclisse sarà totale all'incirca fra le 20h 30m + 10h = 6h 30m e le 21h 00m + 10h = 7h 00m del mattino; l'attraversamento della mezzanotte nel calcolo dell'orario ci garantisce che l'eclisse si verificherà il giorno 14 novembre 2012, e dall'orario che abbiamo ottenuto si capisce immediatamente che saremo chiamati a fare una levataccia!

L'ora dell'evento, come si è detto prima, suggerisce all'osservatore l'altezza del Sole in cielo. I territori limitrofi al punto di massimo dell'eclisse osservano la totalità attorno a mezzogiorno locale, con il Sole che si trova alla massima altezza sull'orizzonte. Osservando da luoghi distanti da qui, l'astro eclissato si mostrerà via via sempre più basso, fino a sfiorare l'orizzonte ove la totalità sopraggiunge all'alba o al tramonto, situazione che è meglio evitare poiché non garantisce una nitida visione della corona.

Arrivati a questo punto, la pianificazione del nostro viaggio non è ancora conclusa, poiché dobbiamo analizzare la situazione climatica e meteorologica che troveremo nei territori scelti per dare la caccia al Sole nero. Il cielo sereno è una condizione fondamentale per l'osservazione e la fotografia della totalità: bastano pochi strati di nubi sottili per impedire alla corona di mostrarsi in tutta la sua bellezza, pertanto si deve scongiurare il più possibile questa eventualità, analizzando con cura tutto il percorso della fascia di totalità sul globo, per trovare il giusto equilibrio fra accessibilità della destinazione e stabilità meteo. Sarebbe una grande beffa pianificare, intraprendere il viaggio e, sul più bello, vedere la coltre nuvolosa addensarsi e coprire completamente il Sole prima che lo faccia la Luna.

Quando l'eclisse si consuma dietro uno spesso strato di nubi, il paesaggio tutt'intorno va incontro comunque a una tetra trasformazione, mutando rapidamente in una realtà scura e tenebrosa accompagnata da un vento freddo che soffia per diversi minuti, fino a quando la luce solare non torna a rendere luminosa la sfortunata giornata grigia.

Anche se le statistiche meteo si presentano favorevoli per i luoghi attraversati dalla totalità, esiste sempre la possibilità che il cielo si rannuvoli proprio nel momento *clou* e rovini tutto; si comprende, quindi, l'importanza di scegliere una zona che sia caratterizzata da una buona statistica di tempo stabile nel periodo in cui l'evento si sviluppa. Le ricerche attraverso Internet offrono la possibilità di consultare i dati meteo dei vari continenti, disponibili *online* grazie ai siti di meteorologia nazionali.

Generalmente, ogni Stato ha uno o più centri di meteorologia dotati di sito *web* e questi sono i più affidabili in quanto specializzati sul territorio di appartenenza e tengono conto anche degli eventuali microclimi locali; la maggior parte dei siti *web* mette a disposizione dei visitatori le tabelle dei dati meteorologici storici, consultabili per ogni giorno o per ogni mese degli anni trascorsi, da cui è possibile rendersi conto concretamente dell'andamento delle condizioni climatiche della zona di interesse nei vari periodi dell'anno. I dati a disposizione sono molteplici e vanno dalla copertura nuvolosa media (l'informazione più importante!), al tasso di umidità, alle raffiche di vento fino alla probabilità di precipitazioni durante tutto l'arco della giornata.

In Fig. 1.6 è riportato l'esempio di una mappa mondiale che mostra la copertura nuvolosa media prevista per il mese di novembre (in riferimento all'eclisse australiana del 2012): questa indicazione può aiutare a percepire quali sono le zone più o meno a rischio lungo la fascia di totalità, anche se si tratta di una media statistica. Nello specifico, si vede che la copertura nuvolosa media sulla terraferma si attesta fra il 40% e il 50%. In prima analisi, sembra prospettarsi una spedizione che espone a un certo rischio.

Ricerche più dettagliate, per restringere il campo ai soli territori in cui si intende osservare, sono comunque necessarie per definire quali siano le regioni con le maggiori probabilità di cielo sereno. Valutando e incrociando i dati meteorologici con quelli dei luoghi scelti è raccomandabile concentrarsi su una zona che offre all'osservatore la più alta probabilità di cielo sereno, anche se fosse più difficile da raggiungere o se l'eclisse durasse meno tempo, piuttosto che scegliere la località più comoda ma con una situazione meteo poco incoraggiante. Queste scelte fanno la differenza fra il successo, con l'osservazione dell'oscuramento completo del Sole, e la disdetta di vivere l'eclisse sotto una spessa coperta di nubi grigie.

Tornando all'eclisse del 13 novembre 2012, la scelta della regione di osservazione è quasi obbligata, dato che i territori sul continente interessati dalla totalità sono assai circoscritti. Chi deciderà di intraprendere questa avventura dovrà ricercare, fra questi stretti lembi di terraferma, l'area con il compromesso migliore fra condizioni meteo e visibilità dell'eclisse, sacrificando magari le prime fasi del fenomeno parziale e concentrandosi prevalentemente sul momento della totalità; in alternativa, si può attendere il 20 marzo 2015 e organizzare una trasferta alle isole Svalbard, dove transiterà una nuova eclisse totale, anche se qui le condizioni meteo sono ancora meno incoraggianti.

Per avere una probabilità altissima di osservare l'eclisse dalla terraferma e con clima stabile, si deve prolungare l'attesa almeno fino al 21 agosto 2017, quando l'ombra della Luna attraverserà, da una costa all'altra, tutti gli Stati Uniti.

L'analisi dettagliata delle curve delle eclissi proiettate sul globo terrestre è la base da cui partire per la pianificazione di una spedizione mirata all'eclisse totale. Oggi, grazie a Internet, possiamo consultare con estrema facilità i dati delle eclissi future e conoscere così le regioni dove queste si verificano e in quale periodo dell'anno; la nostra attenzione deve sempre essere rivolta verso quei luoghi che sono attraversati dalla fascia di totalità, alla ricerca della migliore postazione di osservazione.

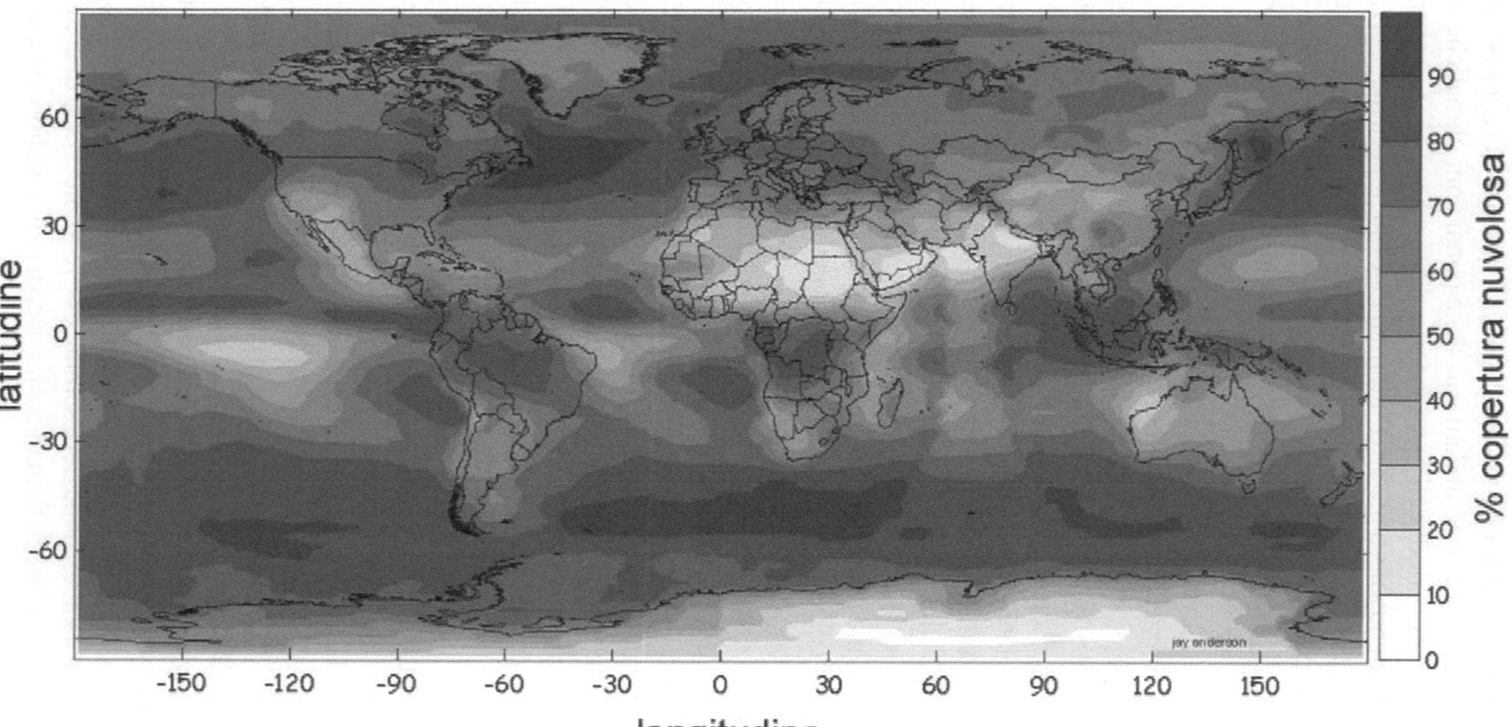

Figura 1.6. Distribuzione media, in percentuale, della copertura nuvolosa mondiale per il mese di novembre. Sui territori australiani interessati dalla fascia di totalità (per l'eclisse del 13 novembre 2012), la probabilità di cielo nuvoloso si attesta fra il 40% e il 50%. La mappa qui è forse poco leggibile, ma in Internet la si trova in falsi colori, ciò che rende più agevole la sua interpretazione.

Dare la caccia alle eclissi totali di Sole è un'avventura ogni volta diversa ed emozionante, che ci porta a stretto contatto con quello che molti definiscono il fenomeno più bello ed emozionante della Natura; poi, che la spedizione si trasformi in un folgorante successo oppure no, dipenderà in parte dalle scelte intraprese in fase di preparazione del viaggio ma, soprattutto, da quel pizzico di fortuna che ognuno di noi, durante quei veloci e trepidanti minuti, spera di stringere forte nelle proprie mani.

1.2 Le prossime eclissi di Sole fino al 2050

L'eclisse totale australiana è solo una delle tante che, ogni anno, interessano la superficie terrestre; chi dovesse mancare l'osservazione del 13 novembre 2012 avrà sicuramente altre occasioni di rifarsi, sempre tenendo ben presente che uno spostamento in qualche Paese lontano sarà obbligatorio.

Ripetendosi con regolarità nel tempo, le eclissi consentono agli astronomi di calcolare con largo anticipo e grande precisione luoghi e tempi in cui si verificheranno; questo genere di calcolo richiede nozioni di trigonometria e di meccanica celeste che sono superiori alle nostre forze, pertanto non sarà trattato qui: noi ci limiteremo a consultare le tabelle di chi ha già sviluppato questi calcoli.

La Tabella 1.1 raccoglie tutte le eclissi di Sole che si sono verificate, e si verificheranno, dal 2010 al 2050 su tutta la superficie terrestre. A ogni data corrisponde un evento che può essere totale, ibrido, anulare o parziale; alcuni dati tecnici (numero del Saros e magnitudine, entrambi spiegati nel capitolo 3) aiutano il lettore a identificare la famiglia dell'eclisse.

Per le tipologie totale e ibrida, le uniche che permettono di osservare il Sole nero e la corona, viene riportata anche la durata della copertura completa del Sole espressa in minuti e secondi; lo stesso valore, indicato per le eclissi anulari, si riferisce invece al tempo che intercorre tra i due contatti di tangenza interna della Luna con il disco solare (nelle eclissi anulari la Luna non copre mai completamente la nostra stella, ma ne lascia sempre scoperto un sottile anello – da cui il nome). L'ultima colonna riporta le zone della superficie terrestre interessate dalla fascia di totalità (o di anularità). Il lettore potrà approfondire le informazioni relative alle eclissi di proprio interesse, consultando tutti i dettagli sui siti dedicati di cui abbiamo già parlato in precedenza, oppure leggendo il capitolo 4 dove alcuni di questi eventi sono trattati più diffusamente.

Scorrendo la tabella in cerca di un'eclisse totale sul nostro territorio si scopre, con amarezza, come l'Italia non sia mai direttamente interessata da uno di questi spettacolari eventi nei prossimi quarant'anni: l'ultima eclisse di Sole la cui fascia di totalità ha attraversato il Paese si è verificata il 15 febbraio 1961. In quelle circostanze l'eclisse si produsse al mattino e interessò città importanti come Genova, Firenze e Bologna.

Attendere la prossima eclisse totale italiana potrebbe rivelarsi un'impresa ardua per molti, poiché la Luna tornerà a gettare la propria ombra sul nostro Paese solo

Tabella 1.1. Le circostanze relative alle eclissi di Sole visibili sulla Terra dal 2010 al 2050. (cortesia di Fred Espenak, NASA/GSFC)

data	massimo (TU)	tipo	Saros	magnitudine	durata	regioni geografiche di visibilità
15 gen. 2010	7h 7m 39s	anulare	141	0,919	11m 8s	Africa, Asia. Anulare in Africa Centrale, India, Birmania, Cina
11 lug. 2010	19h 34m 38s	totale	146	1,058	5m 20s	Sud America. Totale nel Pacifico Meridionale
4 gen. 2011	8h 51m 42s	parziale	151	0,858	–	Europa, Africa, Asia Centrale
1 giu. 2011	21h 17m 18s	parziale	118	0,601	–	Asia Orientale, Nord America, Islanda
1 lug. 2011	8h 39m 30s	parziale	156	0,097	–	Oceano Indiano Meridionale
25 nov. 2011	6h 21m 24s	parziale	123	0,905	–	Africa Meridionale, Antartide, Tasmania, Nuova Zelanda
20 mag. 2012	23h 53m 53s	anulare	128	0,944	5m 46s	Asia, Nord America. Anulare dalla Cina all'Ovest USA
13 nov. 2012	22h 12m 55s	totale	133	1,050	4m 2s	Australia Settentrionale e Pacifico Meridionale
10 mag. 2013	0h 26m 20s	anulare	138	0,954	6m 3s	Australia Settentrionale, Isole Salomone, Pacifico Centrale
3 nov. 2013	12h 47m 36s	ibrida	143	1,016	1m 40s	Oceano Atlantico, Africa Centrale
29 apr. 2014	6h 4m 32s	anulare	148	0,987	–	Oceano Indiano, Australia. Anulare in Antartide
23 ott. 2014	21h 45m 39s	parziale	153	0,811	–	Pacifico Settentrionale, Nord America
20 mar. 2015	9h 46m 47s	totale	120	1,045	2m 47s	Atlantico Settentrionale, Isole Far Oer, Svalbard
13 set. 2015	6h 55m 19s	parziale	125	0,788	–	Africa Meridionale, Oceano Indiano Meridionale, Antartide
9 mar. 2016	1h 58m 19s	totale	130	1,045	4m 9s	Sumatra, Borneo, Sulawesi, Pacifico
1 set. 2016	9h 8m 2s	anulare	135	0,974	3m 6s	Atlantico, Africa Centrale, Madagascar, Oceano Indiano
26 feb. 2017	14h 54m 32s	anulare	140	0,992	0m 44s	Pacifico, Cile, Argentina, Atlantico, Africa
21 ago. 2017	18h 26m 40s	totale	145	1,031	2m 40s	Pacifico Settentrionale, USA, Atlantico Meridionale
15 feb. 2018	20h 52m 33s	parziale	150	0,599	–	Antartide, regioni meridionali del Sud America
13 lug. 2018	3h 2m 16s	parziale	117	0,336	–	Australia Meridionale
11 ago.2018	9h 47m 28s	parziale	155	0,737	–	Europa Settentrionale, Asia Nordorientale
6 gen. 2019	1h 42m 38s	parziale	122	0,715	–	Asia Nordorientale, Pacifico Settentrionale
2 lug. 2019	19h 24m 7s	totale	127	1,046	4m 33s	Pacifico Meridionale, Cile, Argentina

Data	Ora	Tipo	N.	Magnitudine	Durata	Regioni
26 dic. 2019	5h 18m 53s	anulare	132	0,970	3m 39s	Arabia Saudita, India, Sumatra, Borneo
21 giu. 2020	6h 41m 15s	anulare	137	0,994	0m 38s	Africa Centrale, Asia Meridionale, Cina, Pacifico
14 dic.2020	16h 14m 39s	totale	142	1,025	2m 10s	Pacifico Meridionale, Cile, Argentina, Atlantico Meridionale
10 giu. 2021	10h 43m 6s	anulare	147	0,943	3m 51s	Canada Settentrionale, Groenlandia, Russia
4 dic. 2021	7h 34m 38s	totale	152	1,037	1m 54s	Antartide
30 apr. 2022	20h 42m 36s	parziale	119	0,640	–	Pacifico Sudorientale, regioni meridionali del Sud America
25 ott. 2022	11h 1m 19s	parziale	124	0,862	–	Europa, Africa Nordorientale, Medio Oriente, Asia Occidentale
20 apr. 2023	4h 17m 55s	ibrida	129	1,013	1m 16s	Indonesia, Australia, Papua Nuova Guinea
14 ott. 2023	18h 00m 40s	anulare	134	0,952	5m 17s	Ovest degli USA, Centro America, Colombia, Brasile
8 apr. 2024	18h 18m 29s	totale	139	1,057	4m 28s	Messico, Centro USA, Canada Orientale
2 ott. 2024	18h 46m 13s	anulare	144	0,933	7m 25s	Cile Meridionale, Argentina Meridionale
29 mar. 2025	10h 48m 36s	parziale	149	0,938	–	Africa Nordoccidentale, Europa, Russia Settentrionale
21 set. 2025	19h 43m 4s	parziale	154	0,855	–	Pacifico Meridionale, Nuova Zelanda, Antartide
17 feb. 2026	12h 13m 5s	anulare	121	0,963	2m 20s	Antartide
12 ago. 2026	17h 47m 5s	totale	126	1,039	2m 18s	Artico, Groenlandia, Islanda, Spagna
6 feb. 2027	16h 00m 47s	anulare	131	0,928	7m 51s	Cile, Argentina, Atlantico
2 ago. 2027	10h 7m 49s	totale	136	1,079	6m 23s	Marocco, Spagna, Algeria, Libia, Egitto, Arabia Saudita, Yemen, Somalia
26 gen. 2028	15h 8m 58s	anulare	141	0,921	10m 27s	Ecuador, Perù, Brasile, Suriname, Spagna, Portogallo
22 lug. 2028	2h 56m 39s	totale	146	1,056	5m 10s	Australia, Nuova Zelanda
14 gen.2029	17h 13m 47s	parziale	151	0,871	–	Nord America, Centro America
12 giu. 2029	4h 6m 13s	parziale	118	0,458	–	Artico, Scandinavia, Alaska, Asia Settentrionale, Canada
11 lug. 2029	15h 37m 18s	parziale	156	0,230	–	Cile Meridionale, Argentina Meridionale
5 dic. 2029	15h 3m 57s	parziale	123	0,891	–	Argentina Meridionale, Cile Meridionale, Antartide
1 giu. 2030	6h 29m 13s	anulare	128	0,944	5m 21s	Algeria, Tunisia, Grecia, Turchia, Russia, Cina, Giappone

data	massimo (TU)	tipo	Saros	magnitudine	durata	regioni geografiche di visibilità
25 nov. 2030	6h 51m 37s	totale	133	1,047	3m 44s	Botswana, Sud Africa, Australia
21 mag. 2031	7h 16m 4s	anulare	138	0,959	5m 26s	Angola, Congo, Zambia, Tanzania, India, Malesia, Indonesia
14 nov. 2031	21h 7m 30s	ibrida	143	1,011	1m 8s	Pacifico, Panama
9 mag. 2032	13h 26m 42s	anulare	148	0,996	0m 22s	Atlantico Meridionale
3 nov. 2032	5h 34m 12s	parziale	153	0,855	–	Asia
30 mar. 2033	18h 2m 35s	totale	120	1,046	2m 37s	Nord America. Totale in Russia Orientale, Alaska
23 set. 2033	13h 54m 31s	parziale	125	0,689	–	regioni meridionali del Sud America, Antartide
20 mar. 2034	10h 18m 45s	totale	130	1,046	4m 9s	Nigeria, Camerun, Sudan, Egitto, Arabia Saudita, Asia Centrale, India, Cina
12 set. 2034	16h 19m 27s	anulare	135	0,974	2m 58s	Cile, Bolivia, Argentina, Pararaguay, Brasile
9 mar. 2035	23h 5m 53s	anulare	140	0,992	0m 48s	Nuova Zelanda, Pacifico
2 set. 2035	1h 56m 46s	totale	145	1,032	2m 54s	Cina, Corea, Giappone, Pacifico
27 feb. 2036	4h 46m 49s	parziale	150	0,629	–	Antartide, Australia Meridionale, Nuova Zelanda
23 lug. 2036	10h 32m 6s	parziale	117	0,199	–	Atlantico Meridionale
21 ago. 2036	17h 25m 45s	parziale	155	0,862	–	Alaska, Canada, Artico, Europa, Africa Nordoccidentale
16 gen. 2037	9h 48m 55s	parziale	122	0,705	–	Africa Settentrionale, Europa, Medio Oriente, Asia Occidentale
13 lug. 2037	2h 40m 35s	totale	127	1,041	3m 58s	Australia, Nuova Zelanda
5 gen. 2038	13h 47m 10s	anulare	132	0,973	3m 18s	Cuba, Rep. Dominicana, Costa d' Avorio, Ghana, Niger, Ciad, Egitto
2 lug. 2038	13h 32m 54s	anulare	137	0,991	1m 0s	Colombia, Venezuela, Marocco, Africa Centrale, Etiopia, Kenya
26 dic. 2038	1h 00m 10s	totale	142	1,027	2m 18s	Australia, Nuova Zelanda, Pacifico Meridionale
21 giu. 2039	17h 12m 53s	anulare	147	0,945	4m 5s	Alaska, Canada, Norvegia, Svezia, Finlandia, Estonia, Russia
15 dic. 2039	16h 23m 46s	totale	152	1,036	1m 51s	Antartide
11 mag. 2040	3h 43m 2s	parziale	119	0,531	–	Australia, Nuova Zelanda, Antartide
4 nov. 2040	19h 9m 1s	parziale	124	0,807	–	Nord e Centro America

30 apr. 2041	11h 52m 20s	totale	129	1,019	1m 51s	Angola, Congo, Uganda, Kenya, Somalia
25 ott. 2041	1h 36m 21s	anulare	134	0,947	6m 7s	Mongolia, Cina, Corea, Giappone, Pacifico
20 apr 2042	2h 17m 30s	totale	139	1.061	4m 51s	Malesia, Indonesia, Filippine, Pacifico Settentrionale
14 ott. 2042	2h 00m 41s	anulare	144	0,930	7m 44s	Thailandia, Malesia, Indonesia, Australia, Nuova Zelanda
9 apr. 2043	18h 57m 49s	totale	149	1,010	–	Russia Nordorientale
3 ott. 2043	3h 1m 48s	anulare	154	0,950	–	Oceano Indiano Meridionale
28 feb. 2044	20h 24m 39s	anulare	121	0,960	2m 27s	Atlantico Meridionale
23 ago. 2044	1h 17m 1s	totale	126	1,036	2m 4s	Groenlandia, Canada, Montana, Nord Dakota
16 feb. 2045	23h 56m 6s	anulare	131	0,928	7m 47s	Nuova Zelanda, Pacifico
12 ago. 2045	17h 42m 39s	totale	136	1,077	6m 6s	USA, Haiti, Rep. Dominicana, Venezuela, Guyana, Brasile
5 feb. 2046	23h 6m 26s	anulare	141	0,923	9m 42s	Papua Nuova Guinea, Hawaii, California, Oregon, Idaho
2 ago. 2046	10h 21m 13s	totale	146	1,053	4m 51s	Brasile, Angola, Namibia, Botswana, Sud Africa, Swaziland, Mozambico
26 gen. 2047	1h 33m 17s	parziale	151	0,891	–	Asia Orientale, Alaska
23 giu.2047	10h 52m 30s	parziale	118	0,313	–	Canada Settentrionale, Groenlandia, Asia Nordorientale
22 lug. 2047	22h 36m 16s	parziale	156	0,361	–	regioni sudorientali dell'Australia, Nuova Zelanda
16 dic. 2047	23h 50m 12s	parziale	123	0,882	–	Antartide, Cile Meridionale, Argentina Meridionale
11 giu. 2048	12h 58m 52s	anulare	128	0,944	4m 58s	USA, Canada, Groenlandia, Islanda, Norvegia, Svezia, Russia, Afganistan
5 dic. 2048	15h 35m 27s	totale	133	1,044	3m 28s	Cile, Argentina, Namibia, Botswana
31 mag. 2049	13h 59m 58s	anulare	138	0,963	4m 45s	"dal Perù alla Guyana; Senegal, Mali, Burkina Faso, Ghana, Nigeria"
25 nov. 2049	5h 33m 47s	ibrida	143	1,006	0m 38s	Arabia Saudita, Yemen, Malesia, Indonesia
20 mag. 2050	20h 42m 50s	ibrida	148	1,004	0m 21s	Nuova Zelanda, Pacifico Meridionale, Sud America
14 nov. 2050	13h 30m 52s	parziale	153	0,887	–	USA, Canada Orientale, Africa Settentrionale, Europa

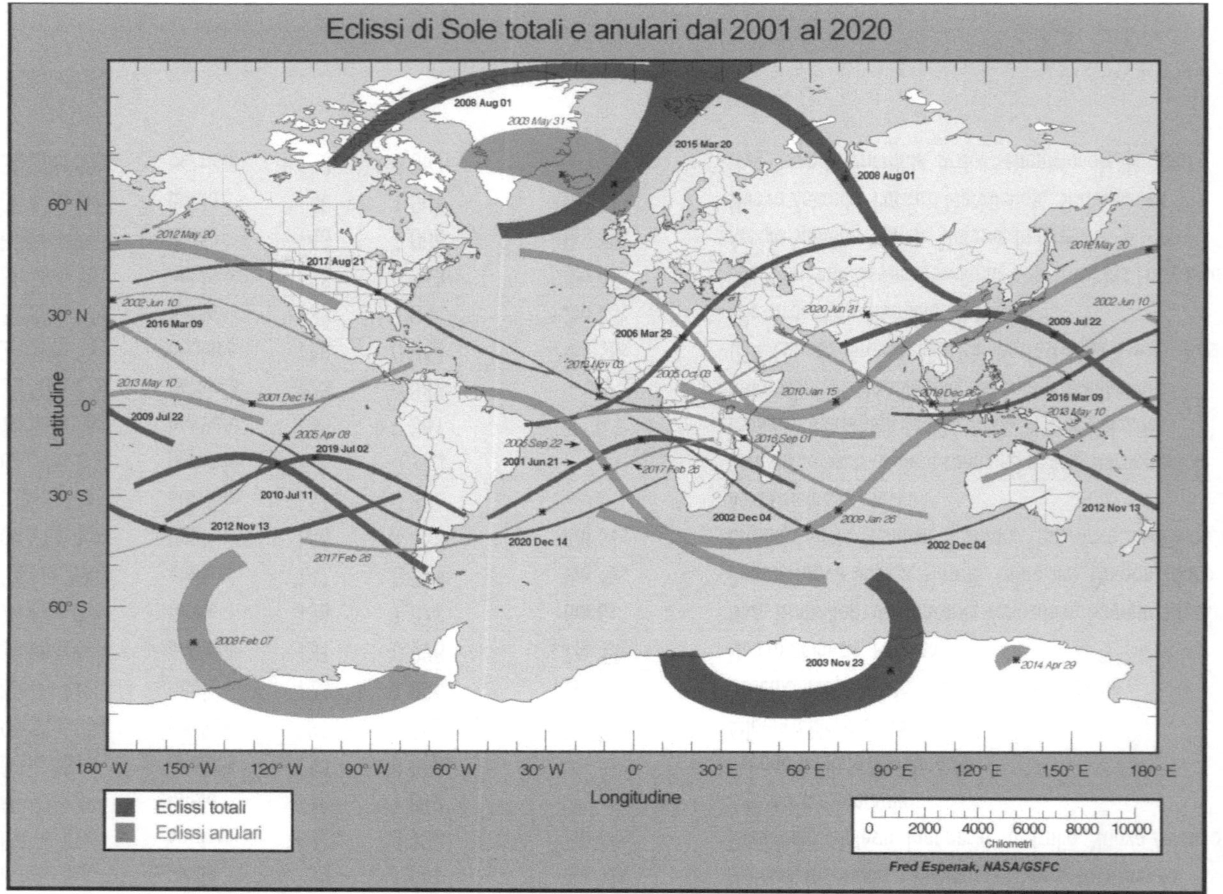

Figura 1.7. Le fasce di totalità delle eclissi di Sole visibili dalla Terra fra il 2001 e il 2020. In grassetto sono indicate le eclissi totali. (cortesia di Fred Espenak, NASA/GSFC)

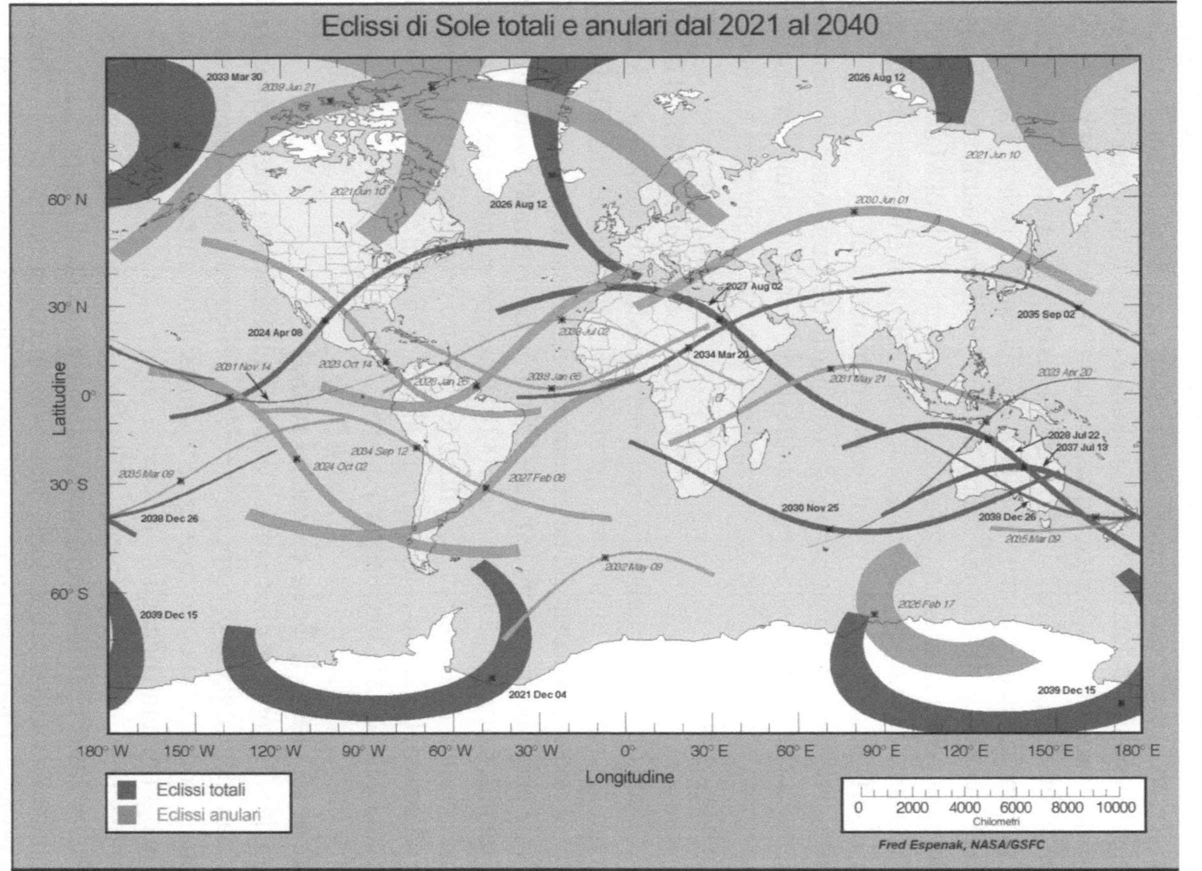

Figura 1.8. Le fasce di totalità delle eclissi di Sole visibili dalla Terra comprese fra il 2021 e il 2040. In grassetto sono indicate le eclissi totali. (cortesia di Fred Espenak, NASA/GSFC

il 3 settembre 2081 (si veda la Fig. 4.1); quel giorno, la totalità inizierà in pieno Oceano Atlantico e si dirigerà rapidamente verso la Francia, oltrepasserà la Svizzera ed entrerà in Italia, lambendola nella parte nord-orientale. La città di Trento sarà solo sfiorata dal fenomeno (non si troverà all'interno della fascia di totalità), mentre Bolzano, Udine e Trieste saranno completamente immerse nell'ombra lunare. Per cercare il Sole nero in tempi umanamente accettabili, dunque, è necessario viaggiare, poiché la data dell'eclisse italiana è davvero molto, molto lontana.

A onor del vero, esiste un'eclisse "quasi italiana" molto più vicina nel tempo, che si verificherà il 2 agosto 2027: l'ombra della Luna non incontra alcuna porzione di suolo nazionale, ma interessa il Mediterraneo, sfiorando l'isola di Lampedusa. La fascia di totalità sopraggiungerà dallo Stretto di Gibilterra, si tufferà in Tunisia e mancherà per poco meno di un centinaio di chilometri l'isola di Malta; Lampedusa sarà distante dalla fascia di totalità solo una ventina di chilometri, purtroppo uno spazio sufficiente a impedire che il fenomeno risulti totale.

Questa potrebbe essere un'occasione da non perdere non solo per la vicinanza al Paese, ma anche per l'altissima probabilità di cielo sereno su tutta la fascia di totalità, essendo agosto un mese dal clima discretamente stabile per i territori limitrofi al Nord Africa.

Ma non è solo la vicinanza a rendere ghiotta quest'occasione: quella del 2 agosto 2027 è l'eclisse con la totalità più lunga nel periodo considerato, arrivando a toccare i 6m 23s nel punto di massima durata, situato quasi al centro dell'Egitto.

Fissata sul calendario la data di questa comoda e interessante opportunità futura, nell'attesa, è possibile consultare le figure 1.6 e 1.7 che mostrano i tracciati delle fasce di totalità dall'anno 2001 fino al 2040. Possiamo ricercare se, fra queste curve, cade proprio un'eclisse di Sole durante il nostro prossimo itinerario per le vacanze all'estero. Il piccolo asterisco nero al centro di ogni fascia si riferisce al punto in cui l'eclisse ha la sua massima durata.

1.3 Occhi al cielo, il Sole diventa nero!

Conoscere le varie tappe in cui si snoda l'evento, dall'inizio alla fine, può rivelarsi utile per non farsi cogliere di sorpresa e perdere i momenti fondamentali (e più spettacolari), soprattutto dopo aver trascorso mesi a organizzare e preparare il viaggio in ogni minimo dettaglio.

Per un osservatore posto all'interno della fascia di totalità, un'eclisse di Sole dura, nel complesso, circa due ore; di questo ampio intervallo di tempo il momento più importante, la totalità, ha una durata variabile, dipendente da fattori astronomici, oltre che geografici, e può andare da pochi secondi fino a un massimo di 7m 31s. Non esistono eclissi totali di Sole in cui la totalità duri più a lungo di questo tempo.

La durata della totalità dipende in buona parte dalla distanza della Luna dalla Terra, ma anche dalla velocità e dalla forma che assume l'ombra lunare quando viene proiettata sulla superficie del pianeta; come si avrà modo di approfondire nei capitoli successivi, dove i movimenti di Luna e Terra saranno trattati con il dovuto dettaglio, quando si interpone perfettamente fra il Sole e la Terra, la Luna getta sul nostro pianeta un'ombra (quasi) circolare, creando una zona buia dove i raggi solari non arrivano. Il movimento della Luna intorno alla Terra si combina con la rotazione del pianeta e provoca lo spostamento dell'ombra lunare sulla superficie, tracciando così la fascia di totalità. La velocità con cui l'ombra e la penombra lunari si spostano sul suolo terrestre è dell'ordine di 2000 km/h, quindi già di per sé l'eclisse si muove a velocità molto elevate, sorvolando vaste distese in pochi minuti.

Se si immagina di osservare un'eclisse totale dall'orbita terrestre, voltando le spalle alla Luna e al Sole e rivolgendo lo sguardo all'emisfero illuminato del pianeta, questa inizia sempre nei territori dove il Sole sta per sorgere (a ovest[*1]) e si sposta verso est, dove l'astro va tramontando. Sulla superficie terrestre inizialmente compare una zona semicircolare estesa diverse migliaia di chilometri in latitudine e poco ombreggiata: l'eclisse è iniziata e la penombra della Luna sta intercettando i primi territori al sorgere del Sole. Qui l'evento è ancora parziale poiché è solo la penombra lunare (e non ancora l'ombra) che scivola sul pianeta. Mano a mano che trascorre il tempo, la zona di penombra avanza verso est e diventa via via più scura verso il suo centro, allargandosi anche in latitudine: appena l'ombra della Luna intercetta il pianeta inizia a tracciare la stretta fascia di totalità.

Appena investe il suolo, nelle zone interessate dall'alba, l'ombra lunare ha una forma ellittica, con un semiasse maggiore di alcune centinaia di chilometri, e si sposta a velocità elevata rispetto al suolo, ben superiore ai 2000 km/h considerati in precedenza. Questo è dovuto alla forma sferica della Terra e alla posizione su di essa del cerchio d'ombra: se questo è molto vicino al lembo terrestre la forma risulterà molto allungata, mentre se cade quasi perpendicolarmente all'emisfero illuminato (al di sopra dei territori vicini al mezzogiorno locale) l'ombra si presenta più circolare.

Per comprendere in forma intuitiva questo fenomeno si può pensare all'ombra proiettata da un albero al tramonto del Sole, che è certamente molto più allungata rispetto a quando siamo prossimi a mezzogiorno, oppure è possibile ricorrere a un piccolo esperimento domestico. Si prende una torcia elettrica, la si accende e si dirige il fascio luminoso perpendicolarmente verso il soffitto, ove produce una macchia luminosa di forma circolare. Inclinando pian piano e con velocità costante la torcia, si osserverà che la zona circolare scivolerà sul soffitto dapprima lentamente, poi sempre più velocemente, mentre la macchia di luce sarà diventata ormai un'ellisse molto allungata. Con l'ombra della Luna succede la stessa cosa. Quando la totalità tocca la superficie terrestre, la forma dell'ombra è ellittica e la velocità particolarmente elevata: pertanto, il tempo in cui il Sole rimane eclissato

---

[*1] Il lettore non si faccia confondere da questa affermazione. Sappiamo bene che il Sole sorge a est per l'osservatore terrestre. Qui però si parla dei territori terrestri osservati dall'orbita, dove il terminatore retrocede per far spazio all'avanzata del giorno: essi si trovano, appunto, a ovest.

è ridotto perché l'ombra scivola via in fretta; mano a mano che l'eclisse procede, l'ombra diventa più circolare e la velocità diminuisce. Superato il punto di massima durata della totalità, che coincide con la zona in cui questa si verifica vicino a mezzogiorno, l'ombra lunare inizierà ad allungarsi nuovamente fino a tornare fortemente ellittica quando raggiungerà i territori dove il Sole è prossimo al tramonto.

A titolo d'esempio, si consideri l'eclisse australiana immaginando di osservarla dall'orbita: quando l'ombra della Luna intercetta la Terra all'alba (nei territori a nord dell'Australia), la totalità dura solo 1m 40s, la forma è fortemente ellittica e la velocità di spostamento elevata. Più questa si inoltra nel Pacifico, più la sua velocità rispetto al suolo diminuisce e la forma si fa più circolare, mentre la durata dell'evento aumenta progressivamente. Quando l'ombra si sarà spinta oltre l'Australia per 7000 km, e si troverà nel bel mezzo dell'Oceano (l'eclisse è qui al suo massimo), la durata del fenomeno sarà cresciuta fino a raggiungere i 4m 02s, per poi iniziare a diminuire mentre si avvicinerà all'America del Sud; a circa 950 km dalla costa del Cile l'ombra lunare incontrerà il terminatore terrestre del tramonto segnando, di fatto, la fine del fenomeno. Qui, con il Sole appoggiato all'orizzonte e prossimo a tramontare, la corona sarà visibile nuovamente per 1m 40s. I cerchietti disegnati all'interno della fascia di totalità nella Fig. 1.2 indicano proprio la

Figura 1.9. Basta un piccolo foro per proiettare l'immagine ribaltata del Sole parzialmente eclissato. Qui l'autore della foto ha lasciato che la luce del Sole filtrasse attraverso gli interstizi delle dita, con le mani incrociate. Bellissime riprese si ottengono sotto le fronde degli alberi, bucando un foglio di carta o utilizzando uno scolapasta. (cortesia di Lorenzo Comolli e Alessandro Gambaro)

forma che assumerà l'ombra della Luna sulla superficie terrestre durante tutto il suo cammino da ovest verso est.

Ma cosa succede, realmente, quando l'ombra della Luna raggiunge gli osservatori?

Nell'istante iniziale, osservando il Sole con un telescopio o un binocolo opportunamente schermati, si percepisce che il disco della stella viene improvvisamente intaccato da una piccola falcetta scura: l'eclisse parziale è iniziata e questo istante viene chiamato *primo contatto*. L'osservatore, da questo momento in poi, si trova sempre più immerso nella penombra lunare.

Manca all'incirca un'ora dalla fase di totalità e, più il tempo passa, più il Sole viene lentamente occultato dalla Luna, che appare nera e dal bordo netto. Fino al momento in cui il Sole non è coperto almeno per la metà non si notano fenomeni particolari: il calo di luminosità nell'ambiente, fino al 50% di copertura del Sole, non è quasi percepibile e solitamente passa inosservato. Ma da qui in poi le cose iniziano a farsi sempre più interessanti.

Il primo fenomeno curioso lo troviamo nella luce che filtra fra le fronde degli alberi: la luce solare che attraversa gli interstizi fra le foglie getta sul terreno grappoli di macchie luminose che appaiono come piccole mezzelune. Le fessure fra le foglie si comportano infatti come una rudimentale camera oscura dotata di un piccolo foro (chiamato *foro stenopeico*) e proiettano al suolo l'immagine ribaltata del Sole eclissato. Più l'eclisse parziale procede e più queste macchie di luce si fanno sottili, seguendo di pari passo l'andamento dell'eclisse nel cielo. Nelle decine di minuti che mancano ancora all'inizio della totalità c'è sicuramente il tempo di dare uno sguardo a queste "mezzelune solari" e, se non ci sono alberi frondosi nelle vicinanze, si potrà sovrapporre le dita delle mani disposte perpendicolarmente a disegnare una grata, oppure si potrà ricavare uno o più forellini in un cartone. Spettacolare l'uso di uno scolapasta!

Osservare l'ambiente circostante d'ora in avanti regalerà emozioni e sorprese inattese, prima fra tutte il singolare calo di luce; con il Sole occultato al 60% i colori dell'ambiente iniziano a farne le spese divenendo via via più tenui, come se una massaia troppo zelante avesse esagerato nel lavare gli abiti, l'erba, il terreno, gli oggetti e gli amici intorno, fino a farli scolorire. Il mondo circostante sta pian piano scivolando in un grigiore spento, mentre però si ha ancora la netta sensazione di essere in una bella giornata assolata. La quantità di luce che riesce a filtrare dal lembo scoperto del Sole è ancora imponente e la luminosità ambientale non è troppo diversa da una pallida giornata d'inverno.

Intorno al 70-75% di Sole occultato s'avverte che anche la temperatura dell'aria cambia, divenendo più fresca e accompagnata di tanto in tanto da piccoli soffi di brezza. L'emozione è ormai palpitante: basta osservare la propria ombra sul terreno e vederla così fioca, quasi trasparente e dai contorni sfocati per capire che qualcosa di strano sta per succedere di lì a pochi minuti.

Figura 1.10. Sequenza del secondo contatto durante l'eclisse totale di Sole del 29 marzo 2006. Si noti come l'anello di diamanti si va frammentando sempre più nei grani di Baily (quarta ripresa), liberando la visione della cromosfera e delle protuberanze. (cortesia di Lorenzo Comolli e Alessandro Gambaro)

Un osservatore attento potrà già scorgere Venere (se non si trova proprio dietro il disco solare) benché il Sole sia ancora abbagliante; e mentre le piccole mezzelune sotto le foglie diventano sempre più deboli e sottili, i fiori nei prati erbosi iniziano lentamente a chiudere la loro corolla, come per prepararsi alla notte; quando si è ormai all'80% di Sole nascosto, le tonalità dell'ambiente nuovamente cambiano: la tinta della luce vira verso un giallo-marrone e il cielo inizia a perdere l'azzurro, alterato in tonalità più scure.

Qualcosa sta spegnendo la luce sul mondo e le emozioni iniziano per davvero a prendere il sopravvento: il freddo si fa più intenso e, poco oltre il 90% della parzialità, si accendono in cielo i pianeti e le stelle più luminose. L'orizzonte è ancora fortemente illuminato poiché laggiù l'ombra della Luna è ancora lontana; laggiù il mondo è rimasto come lo ricordiamo, come lo si vede tutti i giorni aprendo le finestre di casa al nostro risveglio.

Mancano ormai pochissimi minuti alla totalità, da vivere intensamente: ora la luce del Sole non è più così accecante e, seppure con qualche difficoltà, si può tentare di osservare la falce solare a occhio nudo (binocoli e telescopi, invece, devono ancora essere protetti dal filtro solare). Poi, in una manciata di secondi, il calo di luce si fa imponente mentre da lontano una grande muraglia oscura sopraggiunge silenziosa, volando rapida sul terreno, e inghiotte dietro a sé qualsiasi cosa: è l'ombra della Luna che in un istante abbraccia ogni cosa. Questo momento, che prende il nome di *secondo contatto*, vede la sottilissima falce di Sole trasformarsi nel maestoso *anello di diamante*, per poi frantumarsi in una moltitudine di *grani di Baily*, piccole perle luminose che compaiono sul bordo nero

Figura 1.11. Il maestoso anello di diamanti segna l'inizio della totalità durante l'eclisse totale di Sole del 29 marzo 2006. (cortesia di Antonio Finazzi)

della Luna e che, in pochissimi secondi, si affievoliscono fino a spegnersi del tutto. I grani di Baily sono causati dalla luce solare che filtra attraverso le valli lunari, quando il disco della Luna è già sovrapposto prospetticamente a quello del Sole.

Tempo pochi secondi e la nostra stella è sparita del tutto: ne avvertiamo ancora la presenza solo perché nel cielo scuro appare la fiammeggiante *corona*, l'elegante e caldissima atmosfera che avvolge la nostra stella protendendosi nello spazio in tutte le direzioni per centinaia di migliaia di chilometri.

Drappeggi e imponenti pennacchi dai colori iridescenti circondano il Sole nero mentre sul bordo lunare arde, di un acceso color rosso rubino, la vasta "prateria infuocata" della *cromosfera*, il primo sottile strato dell'atmosfera solare.

Sopra di essa si innalzano le *protuberanze*, enormi eruzioni di gas caldissimo che si estendono per migliaia di chilometri perdendosi all'interno della corona e che sono ben visibili anche a occhio nudo durante la totalità.

Non c'è persona che non rimanga estasiata; lo spettacolo strappa grida d'emozione e applausi: la totalità alla fine è arrivata, la luce sul mondo si è spenta, il Sole è scomparso dietro il nero disco della Luna e il cielo è di un blu scuro, misto a un intenso viola che sfuma in un orizzonte arroventato. Un crepuscolo risplendente di giallo, arancio e rosso lo abbraccia a 360°, in ogni direzione.

Il *vento dell'eclisse*, causato dalla differenza di temperatura dell'aria dentro e fuori il cerchio dell'ombra, soffia leggero quasi incessantemente ed è un vento freddo, inusuale, un vento che difficilmente si potrà avvertire in altre occasioni.

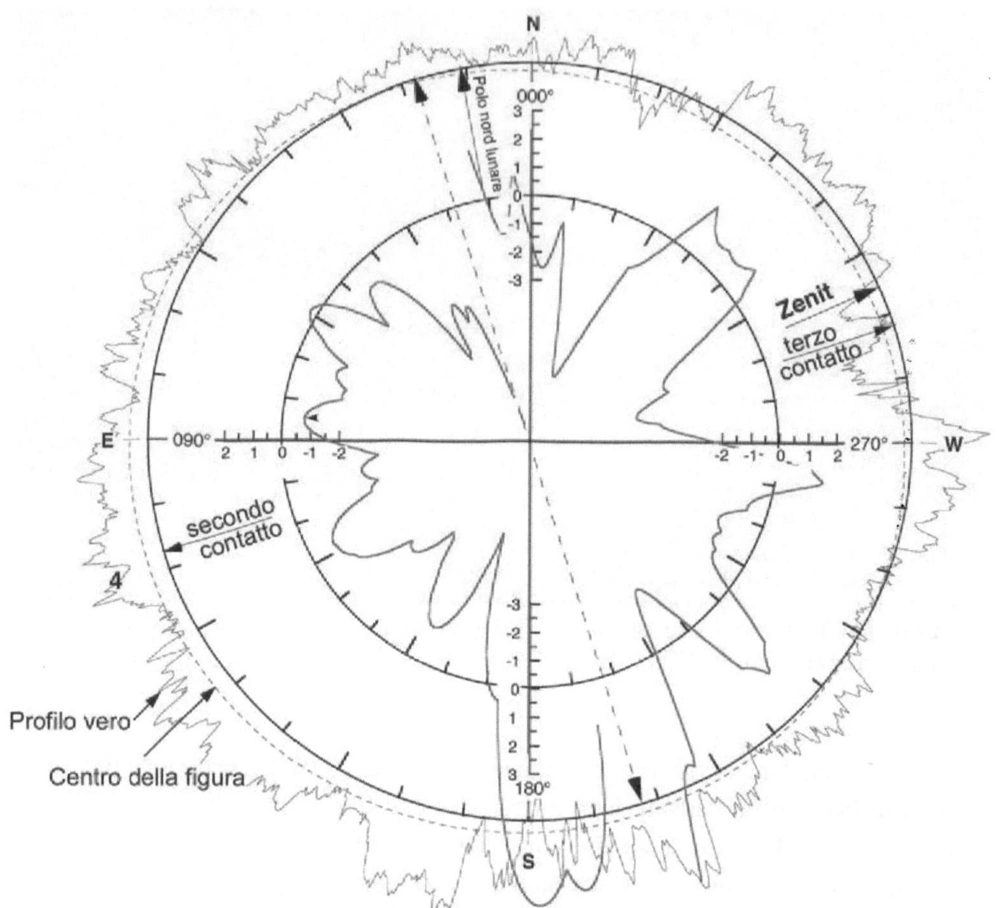

Figura 1.12. Nella figura è mostrato il profilo del bordo lunare per l'eclisse del 22 luglio 2009: vengono rappresentati tutti i rilievi e le depressioni (non in scala, ma esageratamente accentuati) in modo da prevedere dove si presenteranno i grani di Baily, e l'eventuale anello di diamante, all'inizio e alla fine della totalità. Le frecce indicano i punti in cui avverranno il secondo e il terzo contatto. (cortesia di Fred Espenak, NASA/GSFC)

Trascorrono così i pochi minuti della totalità: forse non ci si vorrebbe mai svegliare da questo sogno, tanto è meraviglioso lo spettacolo che si consuma davanti agli occhi, ma ecco che nell'oscurità si fa avanti il *terzo contatto*, ovvero l'istante in cui la totalità termina; la corona scompare in pochi secondi, inghiottita dalla soverchiante luce del Sole e di nuovo i grani di Baily appaiono e un nuovo anello di diamante si accende squarciando il buio, per ricomporre la sottile e luminosa falce solare; la luce ritorna, flebile e lenta, con gridi di gioia che si levano insieme ad applausi e larghi sorrisi.

È venuto il momento di rilassarsi dalla tensione accumulata e di raccontarsi le esperienze e le emozioni vissute durante quei pochi minuti di tenebre mentre

Figura 1.13. La corona solare durante l'eclisse del 1° agosto 2008, ripresa dalla Mongolia. La stella sulla destra è la *delta* Cnc, di magnitudine 3,9. Si noti come la corona si sviluppi in prevalenza attorno alle regioni equatoriali, mentre dai poli scaturiscono strutture a raggiera. Sono ben visibili almeno quattro pennacchi a elmetto. La foto, elaborata con *software* specifici, mette in evidenza anche la superficie lunare, debolmente illuminata dalla luce cinerea (la luce riflessa dall'atmosfera terrestre). La medesima foto, ma a colori, è sulla copertina di questo libro. (Marco Bastoni)

Figura 1.14. Appena iniziato il secondo contatto, la cromosfera si rende immediatamente visibile come una vasta prateria fiammeggiante, punteggiata da protuberanze, alcune di notevoli dimensioni, sul nero profilo della Luna. (Marco Bastoni, eclisse totale di Sole del 29 marzo 2006)

Figura 1.15. La notte che sopraggiunge a mezzogiorno avvolge la nave Costa Fortuna che incrocia nel Mediterraneo, lungo la fascia di totalità dell'eclisse di Sole del 29 marzo 2006. L'orizzonte in lontananza è avvolto da un tramonto infuocato. (cortesia di Damiano

la nostra stella si libera sempre più dalla nera presenza della Luna. I fenomeni ora si svolgono al contrario: i fiori riaprono la loro corolla, i colori pian piano tornano alla normalità, sotto le fronde degli alberi le "mezzelune solari" diventano sempre più ampie.

Dopo circa un'altra ora, la Luna abbandona il disco del Sole, staccandosi e segnando il *quarto contatto*, l'istante in cui l'eclisse è davvero finita (Fig. 1.16). La folla si disperde, la giornata torna pian piano a procedere normalmente; altri, a centinaia o migliaia di chilometri di distanza, stanno per vivere le nostre stesse intense e indimenticabili emozioni.

In mezzo a tutti i fenomeni vissuti fin qui, se siamo stati davvero fortunati, potremmo aver assistito anche a qualcosa di veramente inusuale e caratteristico, che ancora oggi non ha trovato una spiegazione scientifica esauriente. Le *ombre volanti* sono un fenomeno ancora in parte misterioso, e si possono osservare solo a ridosso del secondo e del terzo contatto, quando la percentuale di disco solare rimasto scoperto è davvero esigua. Ci sono diverse testimonianze, anche storiche, di questo particolare evento che si presenta sotto forma di lunghe ondulazioni di luce e di ombra che, vibrando rapidamente, scorrono parallele sul terreno e sugli oggetti intorno a noi.

Durante l'eclisse totale del 26 febbraio 1998, ad Antigua, si resero visibili e furono anche filmate; nel 1970, durante l'eclisse del 7 marzo, erano state fotografate per la prima volta sulla parete di un'abitazione. Le ombre volanti risultano particolarmente visibili sulle superfici chiare che offrono un forte contrasto; una buona tecnica per rilevarle è stendere un lenzuolo bianco sul terreno e tenerlo sotto controllo durante il secondo e il terzo contatto (magari utilizzando una videocamera), nella speranza di catturare le fugaci e misteriose ombre. Purtroppo queste, beffando le nostre tecniche per scovarle, non si mostrano durante tutte le eclissi totali e sono molto deboli, presentandosi inizialmente confuse e organizzandosi in bande parallele solo negli ultimi istanti prima (e dopo) la totalità.

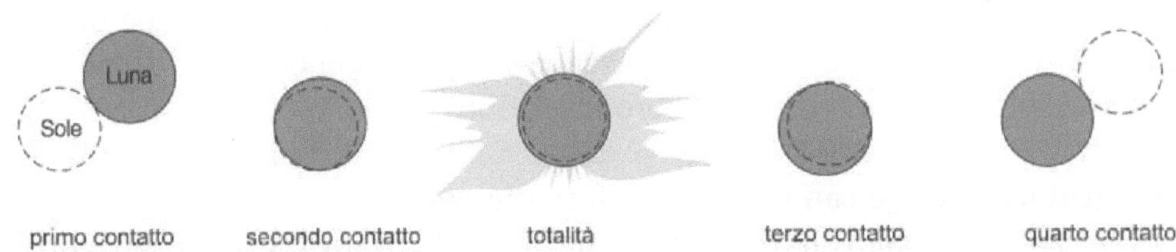

Figura 1.16. Al primo contatto la Luna intacca il Sole e ha inizio la fase parziale; al secondo contatto si mostrano i grani di Baily in ingresso, l'anello di diamante e ha inizio la fase totale, in cui risplende la corona. Il terzo contatto segna la fine della totalità, mentre il quarto contatto vede il distacco della Luna dal Sole e la fine dell'evento.

Molto probabilmente questi fenomeni sono riconducibili alla circostanza che la luce solare attraversa strati d'aria a diversa densità; altre ipotesi prendono in considerazione fenomeni di interferenza causati dal bordo lunare. La questione rimane tuttora aperta.

1.4 Fotografare l'eclisse di Sole

Fotografare l'eclisse totale di Sole è ciò che serve per portare a casa qualche ricordo dell'evento da mostrare agli amici o, più semplicemente, per rivivere a distanza di tempo i magici momenti trascorsi sotto l'ombra della Luna.

Esistono varie tecniche per fotografare l'eclisse e le moderne tecnologie digitali consentono di registrare immagini di qualità impensabile anche solo fino a dieci anni fa; l'uso di queste apparecchiature consente una maggiore tolleranza agli errori e permette di raccogliere molta più informazione rispetto alla vecchia pellicola fotografica, offrendo poi la possibilità di elaborare l'immagine finale con *software* specifici al fine di estrarre tutti i dettagli, anche quelli che l'occhio non percepisce, ma che il sensore digitale ha comunque registrato.

Chiunque può fare foto o riprese video dell'eclisse di Sole, senza necessariamente essere un grande esperto di fotografia: basta porre la giusta attenzione su alcuni accorgimenti che di seguito considereremo. Anche utilizzando una strumentazione modesta ed economica, come la classica fotocamera digitale compatta, è possibile portare a casa un eccezionale ricordo dell'eclisse totale.

La base da cui partire, valida indipendentemente dalla strumentazione utilizzata, è la considerazione che l'eclisse totale è un soggetto molto particolare, che potrebbe mandare in confusione la fotocamera o la videocamera se queste sono impostate su modalità completamente automatiche: le piccole *digicam* sono progettate per la ripresa di soggetti terrestri ove, di norma, la luce è uniformemente distribuita su tutta la scena. Durante la totalità, invece, la luce è del tutto anomala poiché il soggetto al centro è nero (il Sole), la corona intorno è bianca e molto brillante, mentre l'ambiente circostante presenta una luce molto fioca: questi forti contrasti possono confondere il *software* della fotocamera/videocamera che potrebbe facilmente perdere il punto di messa a fuoco o esporre la scena in modo non corretto. Se ciò avvenisse, foto e riprese risulterebbero inservibili.

Fotografare l'eclisse con una fotocamera digitale

La fotocamera digitale è uno degli strumenti in assoluto più diffusi e pratici, grazie alla maneggevolezza, alla facilità d'uso e all'eccellente qualità dell'immagine. Ogni turista ha sempre con sé una *digicam*, compatta o *reflex* che sia: basta inquadrare, premere un pulsante *et voilà*, l'immagine è registrata. Chiaramente, una fotocamera *reflex* lascia al fotografo un maggior controllo delle impostazioni di scatto, offrendogli un ampio grado di libertà, cosa che le fotocamere compatte di solito non consentono. Esse tendono a vincolare maggiormente l'utilizzatore, pertanto non è detto che tutte le operazioni descritte di seguito siano possibili da effettuare con una *digicam* compatta. In ogni caso, per catturare l'eclisse totale, non possiamo chiedere alla fotocamera (*reflex* o compatta che sia) di gestire automaticamente la ripresa: pertanto, vediamo cosa si deve fare per ottenere buone immagini.

Fotocamera su cavalletto. Vietato scattare a mano libera! Fissare la fotocamera a un cavalletto è una condizione fondamentale, pena un fastidioso effetto di mosso che deteriorerà i dettagli e renderà la foto inutilizzabile. Per le fotocamere compatte non occorrono cavalletti professionali. I mini-cavalletti pensati proprio per queste piccole *digicam* sono idonei allo scopo: basterà appoggiarli sopra un tavolo, il tetto dell'auto o comunque sopra una qualsiasi superficie piana e stabile. Se si utilizza una fotocamera *reflex* il cavalletto deve essere sufficientemente robusto e stabile, per evitare qualsiasi tipo di vibrazione. Infilandolo in valigia, si verifichi che sia completo di tutti gli accessori necessari.

Disattivare l'*autofocus*, il *flash* e lo spegnimento automatico. Entrando nel menù di impostazione della fotocamera, va ricercata la funzione per disattivare la messa a fuoco automatica, oppure si deve intervenire sul comando dell'*autofocus* posto sull'obbiettivo (per le camere *reflex* dotate di questa funzione). Il manuale d'uso dovrà trovarsi in valigia insieme al resto della strumentazione anche se si pensa di conoscere bene la fotocamera in ogni suo dettaglio: l'imprevisto, che potrebbe richiedere un rapido consulto al manuale, potrebbe verificarsi proprio quel giorno…

Per prima cosa faremo in modo che la fotocamera metta automaticamente a fuoco un soggetto all'infinito, quindi disattiveremo la funzione *autofocus*. Ciò è necessario a causa dello strano soggetto che si sta per riprendere: come detto in precedenza, l'eclisse presenta contrasti e luminosità talmente differenti fra loro che l'automatismo della fotocamera potrebbe non riuscire a gestirli.

Anche il *flash* va disattivato, non solo perché disturberebbe gli altri fotografi e contribuirebbe a un rapido esaurimento delle batterie, ma soprattutto perché non serve a nulla.

La *digicam* compatta non deve spegnersi durante l'eclisse, pena il rientro dell'obbiettivo e la perdita del corretto punto di fuoco. Cercare la funzione di auto-spegnimento fra le impostazioni e disattivarla. Per risparmiare l'energia delle batterie dovremo impostare lo spegnimento del *display* (se disponibile) al valore più basso, oppure spegnerlo manualmente ogni volta che non si utilizza la fotocamera.

Batterie, schede di memoria, torcia e scatto flessibile. Vedere la fotocamera spegnersi nel bel mezzo della totalità a causa delle batterie esaurite potrebbe essere un'eventualità deprimente. Per questo dobbiamo caricare le batterie la sera precedente e non si deve utilizzare la fotocamera se non per riprendere l'eclisse; se poi si ha a disposizione una batteria di riserva è buona norma caricare anche quella e tenerla in tasca, a portata di mano per ogni evenienza.

Anche la scheda di memoria dev'essere dedicata esclusivamente all'evento: mescolare le foto delle vacanze con quelle della corona potrebbe rivelarsi una pessima scelta se ciò portasse a saturare improvvisamente la memoria.

Eseguire la sostituzione della batteria o della scheda di memoria mentre si è nella fase parziale inoltrata significa lavorare in un'atmosfera surreale; in questa situazione, il rischio è di non riuscire a vedere a colpo d'occhio dove agire per aprire lo sportellino del vano batterie e della scheda di memoria: una piccola torcia sarà utilissima, meglio se quest'ultima è fissata alla fronte tramite un elastico (torcia frontale), in modo da poter lavorare con le mani libere.

Se la fotocamera lo consente (tutte le *reflex* sono dotate di questa possibilità), si deve installare uno scatto flessibile per eseguire le foto. Questo piccolo comando elettronico si compone di un filo da collegare alla fotocamera dotato di impugnatura con pulsante: la pressione di questo farà aprire l'otturatore della fotocamera, acquisendo l'immagine. L'uso di questa tecnica evita di premere direttamente il pulsante di scatto posizionato sulla fotocamera e riduce il rischio di pericolose vibrazioni; si tenga sempre presente che è sufficiente una minima vibrazione per rovinare irrimediabilmente una foto! Talvolta lo scatto flessibile si trova anche sotto forma di telecomando, consentendo di interagire con la fotocamera a distanza, senza mai toccarla.

Nel caso in cui la camera non disponesse di questo accessorio, l'unico modo per scattare la foto è premere il pulsante sulla fotocamera stessa, introducendo inevitabilmente le vibrazioni: si può aggirare il problema attivando la modalità autoscatto, impostandolo a valori di 2 secondi o poco più. Dopo aver premuto il pulsante di scatto (ritrarre rapidamente la mano e non toccare mai, per nessuna ragione, la *digicam* mentre sta per scattare!), la fotocamera attenderà il tempo indicato dall'autoscatto, quindi eseguirà la foto: quei pochi secondi di attesa consentiranno alle vibrazioni di smorzarsi completamente, garantendo una foto ferma e nitida.

Le operazioni. Presi tutti i dovuti accorgimenti, ora siamo pronti a fotografare la totalità. Di seguito è riportata una traccia delle operazioni da effettuare quel giorno passo per passo, per avere un riferimento da seguire e non dimenticare nulla.

● Posizionarsi sul luogo di osservazione almeno mezz'ora prima dell'inizio della parzialità per preparare tutto il materiale e la strumentazione con la dovuta tranquillità; fissare la fotocamera saldamente al cavalletto; installare lo scatto flessibile o impostare l'autoscatto e formattare la scheda di memoria, anche se questa è già vuota. Scattare una foto al panorama: se tutto funziona a dovere, allora siamo pronti per iniziare.

● Osservare la parzialità con gli appositi occhialini dell'eclisse (si acquistano nei negozi di prodotti astronomici e sono l'unico mezzo per osservare il Sole a occhio nudo in tutta sicurezza); a dieci minuti dall'inizio della totalità togliersi gli occhialini (la totalità va guardata senza filtri), accendere la fotocamera, impostare lo *zoom* ottico al massimo e inquadrare una nuvola, l'orizzonte o comunque un soggetto molto lontano, quindi premere a metà il pulsante di scatto per mettere a fuoco automaticamente la scena; d'ora in avanti non toccare per nessuna ragione lo *zoom*! Se questo viene variato è necessario effettuare nuovamente la messa a fuoco automatica con l'*autofocus*.

● Disattivare l'*autofocus* e impostare lo spegnimento automatico del *display* al valore più basso possibile; disattivare lo spegnimento automatico della fotocamera;

● Inquadrare il Sole nella fotocamera. Appena inizia la totalità scattare con calma una foto e verificare se l'immagine è soddisfacente o se è necessario intervenire sui tempi di scatto (ove possibile), sulla sensibilità ISO, sulle modalità di esposizione della fotocamera o sulla compensazione dell'esposizione (si veda il manuale della propria fotocamera per dettagli); proseguire ad acquisire altre immagini;

● Scattare le foto lungo un arco temporale equivalente alla metà della durata della totalità. Superato questo tempo le foto vanno abbandonate e l'eclisse va gustata a occhio nudo, magari con un binocolo. Guardate l'eclisse e lasciatevi emozionare.

Fotografare l'eclisse al telescopio

La fotografia dell'eclisse al telescopio, o tramite un obiettivo a lunga focale, pur non essendo eccessivamente complessa richiede una preparazione e un'abilità superiori.

Si inizia con la valutazione dell'area di cielo che lo strumento, unito alla fotocamera, riesce a inquadrare, e questa operazione è da svolgere a casa, durante la pianificazione del nostro viaggio. I telescopi offrono una capacità di avvicinare gli oggetti lontani notevolmente superiore agli obbiettivi fotografici tradizionali, pertanto non è da escludere che il disco solare ripreso al telescopio possa risultare eccessivamente grande. L'aspetto più spettacolare della fase totale è la corona; se il telescopio ha una lunghezza focale eccessiva, l'iridescente atmosfera solare risulterà per buona parte al di fuori dall'inquadratura. Le focali consigliate, per strumenti di qualsiasi tipo e marca abbinati a fotocamere *reflex* equipaggiate con sensori di tipo APS-C, vanno dai 300 mm fino ai 700 mm (Fig. 1.17).

Focali più lunghe (anche dell'ordine di 1000 mm) possono essere impiegate con successo per riprendere i dettagli della cromosfera, delle protuberanze che si stagliano sul bordo nero della Luna, oppure per catturare i fugaci grani di Baily.

Anche in questo caso valgono gli accorgimenti di cui si è detto in precedenza, ma è necessario aggiungere qualche altro suggerimento.

Telescopio su montatura o su cavalletto. L'uso di una focale superiore ai 200 mm, abbinata a un tempo di esposizione di 1-2 secondi, potrebbe causare un

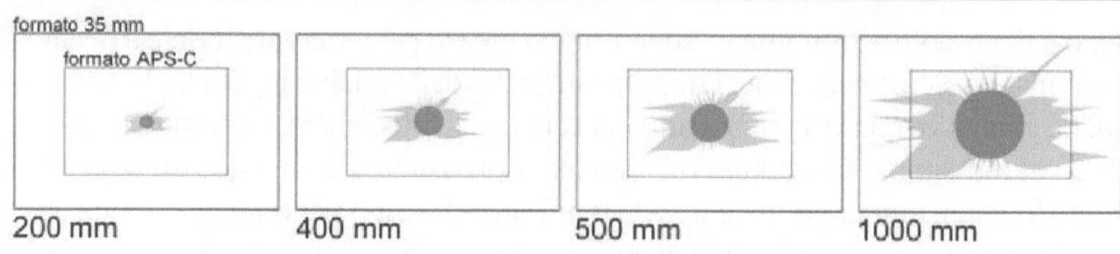

Figura 1.17. Così appare il Sole in eclisse inquadrato a varie lunghezze focali. Il rettangolo più piccolo rappresenta l'area di vista di un tipico sensore APS-C, molto comune nelle fotocamere digitali odierne, mentre il rettangolo di dimensioni maggiori rappresenta il campo inquadrato dal sensore *full frame*, ovvero il tradizionale 35 mm.

micro-mosso sull'immagine: è bene ricordare che Luna e Sole si spostano costantemente nel cielo a causa della rotazione terrestre e che, più si ingrandisce la loro immagine, più questo movimento apparente risulterà marcato. Per evitare il mosso è necessario posizionare il telescopio su una piccola montatura equatoriale o su un astro-inseguitore, che dovranno essere il più possibile compatti così da essere trasportati agevolmente fino al luogo dove si verifica l'eclisse.

La montatura fa normalmente parte della dotazione dell'astrofilo ed è dotata di un motore il cui compito è quello di controbilanciare la rotazione del cielo, consentendo all'ottica di inseguire il soggetto sulla volta celeste; l'impiego di questo strumento permette di effettuare tempi di posa di 2-3 secondi, o superiori, con focali anche molto lunghe.

La scelta dell'una o dell'altra soluzione dipende in larga misura dalle dimensioni dell'ottica che si utilizza: più questa è pesante e più ci si dovrà orientare verso la montatura equatoriale, che normalmente è più stabile e sopporta carichi maggiori; per i teleobbiettivi a lunga focale, invece, un astro-inseguitore sarà più che sufficiente.

Montatura o astro-inseguitore che sia, entrambi necessitano di alimentazione elettrica per il motorino: è bene effettuare un accurato *checkup* della meccanica e verificare la funzionalità e la carica delle batterie alcuni giorni prima di intraprendere il viaggio.

Solo se la fotografia viene eseguita a lunghezze focali pari o inferiori a 200 mm, e se i tempi di posa sono corti, un robusto cavalletto fotografico potrà sostituire adeguatamente la montatura equatoriale o l'astro-inseguitore.

Utilizzare un filtro solare per la fase parziale. Il telescopio, grazie al generoso ingrandimento offerto, è perfetto per fotografare anche la falce del Sole che viene assottigliata dalla Luna, mettendo in evidenza le macchie solari eventualmente presenti e la granulazione fotosferica. La totalità va sempre fotografata senza utilizzare alcun filtro, ma, se desideriamo riprendere anche la fase parziale, allora è necessario proteggere il telescopio dalla pericolosa luce solare. Osservare il Sole senza gli appositi filtri può portare a danneggiare gravemente l'occhio, fino alla cecità: non si corra mai un tale rischio!

I filtri solari a tutta apertura (quelli che vengono installati direttamente sull'obbiettivo del telescopio) sono acquistabili presso i negozi che trattano prodotti per l'astronomia; se il costo di un filtro specifico per il proprio strumento fosse eccessivo, o se non si dovesse trovare il modello idoneo, autocostruire un filtro solare sicuro non è particolarmente difficile. Il filtro vero e proprio è una sottile pellicola argentata simile all'alluminio chiamata *Astrosolar*, reperibile nei negozi di astronomia a un costo contenuto; la pellicola deve coprire completamente tutto il diametro del telescopio e va fissata a questo tramite una semplice struttura in cartoncino. Forbici, colla, cartoncino, Astrosolar e un po' di abilità sono gli ingredienti per costruire in pochi minuti un filtro solare a tutta apertura sicuro al 100%. In Internet si trovano istruzioni e consigli per costruire questo genere di affidabili filtri solari.

Prima di utilizzare il filtro artigianale è necessario verificare che la pellicola di Astrosolar sia ben tesa e che non presenti grinze vistose, o abrasioni, né piccoli fori o strappi, pena la sua completa inutilità. Se il filtro è difettoso e non scherma correttamente la luce solare, è bene disfarsene immediatamente e costruirne uno nuovo, così da non correre inutilmente alcun rischio.

Le operazioni. Anche per la ripresa dell'evento al telescopio indicheremo la traccia da seguire, per avere sempre la situazione sotto controllo: di nuovo, vale la pena di dotarsi di una torcia frontale da utilizzare nella penombra o durante la totalità in caso di necessità. Come ultimo accorgimento possiamo tenere a portata di mano una tabella riportante i tempi dei quattro contatti (già convertiti nell'orario locale), per conoscere con un rapido sguardo all'orologio quanto tempo manca fra le varie fasi.

● Raggiungere il luogo di osservazione con almeno un'ora di anticipo rispetto all'inizio della fase parziale: la preparazione della strumentazione (soprattutto se si ha una montatura equatoriale o un astro-inseguitore) richiede tempo. Orientare la montatura o l'astro-inseguitore a nord aiutandosi con una bussola (procedura di allineamento polare); installare il telescopio e collegare a esso la fotocamera. Verificare le batterie e le scheda di memoria (formattare la scheda, fare uno scatto paesaggistico di prova); installare lo scatto flessibile sulla fotocamera.

● Installare il filtro solare davanti al telescopio; inquadrare il Sole e mettere a fuoco accuratamente; effettuare qualche scatto di prova per verificare la corretta messa a fuoco, per impostare la sensibilità ISO e il tempo di scatto corretti.

● Controllare periodicamente l'orologio e la tabella con i tempi dell'eclisse: quando mancano due o tre minuti all'inizio della parzialità, traguardare il Sole attraverso il mirino della fotocamera. Appena si identifica il primo contatto acquisire un'immagine.

● Scattare foto in sequenza a intervalli regolari (per esempio, ogni 5 minuti); nel frattempo, osservare la parzialità utilizzando gli appositi occhialini.

● Circa un minuto prima del secondo contatto, bisogna impostare un tempo di scatto rapido per catturare i grani di Baily e l'anello di diamanti del secondo contatto; togliere ora il filtro solare dal telescopio!

● Scattare le foto ai grani di Baily e allungare progressivamente i tempi di scatto per riprendere la corona interna, la corona media e la corona esterna durante la totalità.

● Scattare le foto per un lasso di tempo ragionevole, ma a un certo punto lasciate tutto e guardate a occhio nudo, o con il binocolo. Gustate l'eclisse e lasciatevi emozionare.

● A un minuto dal terzo contatto impostare nuovamente sulla fotocamera un tempo di scatto rapido per registrare l'anello di diamanti e i grani di Baily.

● Terminare le foto ai grani di Baily, quindi installare rapidamente il filtro solare sul telescopio; impostare la fotocamera al tempo di esposizione utilizzato per la fase parziale.

● Scattare foto in sequenza a intervalli regolari fino a registrare il quarto contatto.

Chi vuole cimentarsi nella fotografia dell'eclisse al telescopio dovrà riuscire a riprendere correttamente il maggior numero di immagini al primo colpo: di

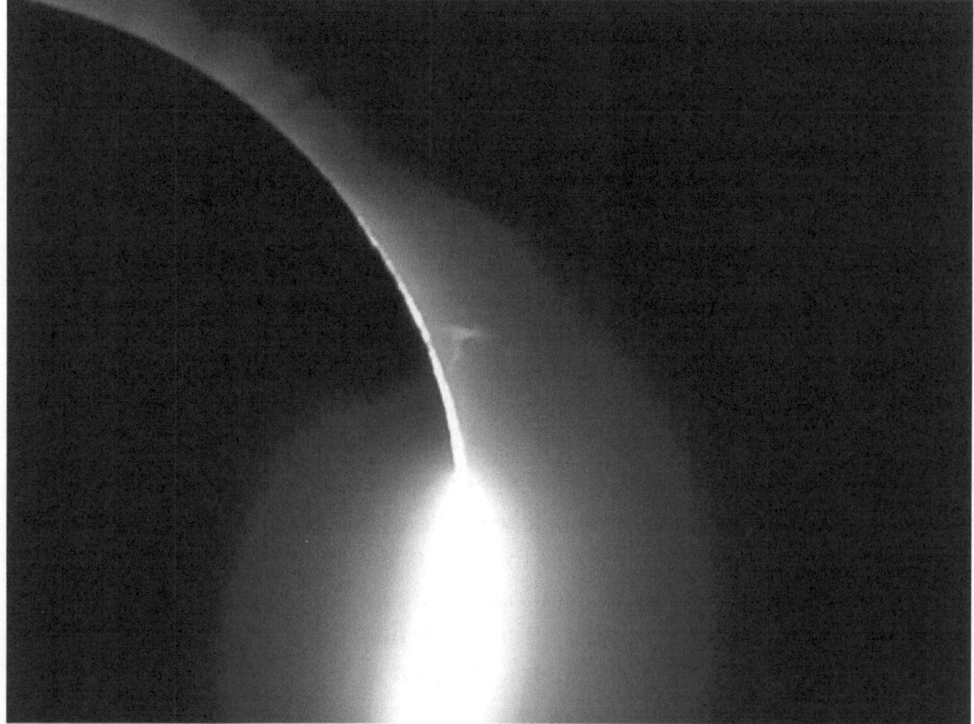

Figura 1.18. Un tempo di scatto rapido permette di registrare l'anello di diamanti e la cromosfera, senza saturare il sensore e rovinare l'immagine. (cortesia di Antonio Finazzi)

alcuni fenomeni, come i grani di Baily, che compaiono solo per brevissimo tempo, non è possibile avere un *replay*; se si perde l'occasione, non se ne ha un'altra per ritentare. Quali sono dunque i tempi di scatto più idonei nelle varie fasi dell'eclisse?

Partiamo proprio dai grani di Baily, che compaiono al secondo contatto. Essendo molto luminosi, questi soggetti richiedono tempi dell'ordine di 1/2000s o di 1/4000s a seconda del diaframma dell'obbiettivo (f/8 nel primo caso, f/6 nel secondo). In quattro o cinque secondi i grani scompaiono e lasciano spazio alla cromosfera e alle protuberanze, che risplendono lungo il profilo lunare di un bel colore rosso rubino. Queste strutture sono meno luminose della precedenti e tempi di 1/500s o 1/1000s garantiscono una ripresa nitida delle "fontane di fuoco" che sembrano zampillare dal bordo della Luna. Mentre il tempo passa, la Luna si sposta sul disco solare e, dopo una decina di secondi, anche la cromosfera viene nascosta dalla *silhouette* del nostro satellite: è giunto il momento di dedicarsi a fotografare la corona, vera e propria protagonista della totalità.

Questa struttura dell'atmosfera solare si manifesta molto luminosa vicino al bordo lunare e diventa più tenue man mano che si allontana da esso; pertanto, non è possibile registrare in un'unica esposizione sia i dettagli della corona interna (quella più vicina al profilo della Luna) sia quelli delle parti più esterne. L'espe-

Figura 1.19. Una sapiente elaborazione digitale dell'immagine può portare a risultati strabilianti. Qui si vedono chiaramente le delicate strutture coronali che si piegano attorno alle linee del campo magnetico solare. Una grande protuberanza spicca sul bordo destro, mentre la Luna Nuova mostra la sua superficie debolmente illuminata (luce cinerea). Risultati simili sono possibili solo con avanzate tecniche di elaborazione *software*. (cortesia di Miloslav Druckmüller)

Eclissi!

Tabella 1.2. Riassunto dei tempi indicativi per la fotografia dell'eclisse totale di Sole. La parzialità va fotografata utilizzando il filtro solare, che dovrà essere prontamente rimosso qualche decina di secondi prima dell'inizio della totalità. Si ricorda che le condizioni atmosferiche possono rendere più o meno scura l'eclisse, obbligando il fotografo a rivedere i tempi di esposizione tabulati.

Fase parziale
Filtro solare sull'obbiettivo

f/	50 ISO	100 ISO	200 ISO	400 ISO	800 ISO
2,8	1/2000s	1/4000s	###	###	###
4	1/1000s	1/2000s	1/4000s	###	###
5,6	1/500s	1/1000s	1/2000s	1/4000s	###
8	1/250s	1/500s	1/1000s	1/2000s	1/4000s
11	1/125s	1/250s	1/500s	1/1000s	1/2000s
16	1/60s	1/125s	1/250s	1/500s	1/1000s
22	1/30s	1/60s	1/125s	1/250s	1/500s

Totalità - Corona interna (1° di campo)
Nessun filtro solare

f/	50 ISO	100 ISO	200 ISO	400 ISO	800 ISO
2,8	1/500s	1/1000s	1/2000s	1/4000s	###
4	1/250s	1/500s	1/1000s	1/2000s	1/4000s
5,6	1/125s	1/250s	1/500s	1/1000s	1/2000s
8	1/60s	1/125s	1/250s	1/500s	1/1000s
11	1/30s	1/60s	1/125s	1/250s	1/500s
16	1/15s	1/30s	1/60s	1/125s	1/250s
22	1/8s	1/15s	1/30s	1/60s	1/125s

Totalità - Corona interna (3° di campo)
Nessun filtro solare

f/	50 ISO	100 ISO	200 ISO	400 ISO	800 ISO
2,8	1/30s	1/60s	1/125s	1/250s	1/500s
4	1/15s	1/30s	1/60s	1/125s	1/250s
5,6	1/8s	1/15s	1/30s	1/60s	1/125s
8	1/4s	1/8s	1/15s	1/30s	1/60s
11	1/2s	1/4s	1/8s	1/15s	1/30s
16	1s	1/2s	1/4s	1/8s	1/15s
22	2s	1s	1/2s	1/4s	1/8s

Totalità - Corona esterna (5° di campo)
Nessun filtro solare

f/	50 ISO	100 ISO	200 ISO	400 ISO	800 ISO
2,8	1/2s	1/4s	1/8s	1/15s	1/30s
4	1s	1/2s	1/4s	1/8s	1/15s
5,6	2s	1s	1/2s	1/4s	1/8s
8	4s	2s	1s	1/2s	1/4s
11	8s	4s	2s	1s	1/2s
16	15s	8s	4s	2s	1s
22	30s	15s	8s	4s	2s

rienza suggerisce di acquisire tre o più scatti, con tempi progressivamente più lunghi, che poi si dovranno fondere insieme utilizzando appositi *software* come *Photoshop*. I tempi di esposizione dipendono ancora una volta dalla lunghezza focale e dal diaframma impiegati. Per registrare i dettagli lontani dal disco solare sarà necessario esporre anche per 3 o 4 secondi, ma se l'ingrandimento è elevato ciò si può tradurre in un piccolo mosso del disco della Luna che, costantemente, si muove in cielo (la Luna si sposta sulla volta celeste più rapidamente del Sole). In questo caso, può essere utile intervenire sul valore della sensibilità ISO della fotocamera (portandolo a valori di 400 ISO o 800 ISO), così da contenere il più possibile l'esposizione e registrare comunque la debole corona esterna.

La sequenza di tre o più immagini va eseguita rapidamente impostando tempi di scatto progressivamente più lunghi; osservare l'immagine appena acquisita sul *display* della fotocamera sarà utile per capire se i tempi di esposizione utilizzati sono corretti. Ripetere più volte la sequenza, anche utilizzando tempi diversi, dovrebbe garantirci di ottenere comunque qualche buon risultato.

La Tabella 1.2 ci fornisce una chiara indicazione sui tempi da utilizzare sia per riprendere la fase parziale (utilizzando il filtro solare), sia per registrare le strutture della corona interna e delle parti più distanti dal nero disco della Luna. Si tratta di una buona traccia su cui fare affidamento, ma attenzione che quando il momento *clou* dell'evento si avvicina l'emozione potrebbe giocarci un brutto scherzo (ce li dimentichiamo), oppure l'eclisse potrebbe sorprenderci presentandosi più scura o più luminosa a causa delle condizioni ambientali locali, che sono imprevedibili; insomma, esiste la concreta possibilità che i tempi suggeriti si rivelino errati. La soluzione migliore è giocare il tutto per tutto, scattando quante più foto possibili, in rapida sequenza, incrementando a piccoli passi i tempi a ogni scatto. Questa tecnica, puramente empirica ma di grande efficacia, ci garantisce che comunque una manciata di foto saranno sicuramente buone; non dimentichiamo, inoltre, che ogni immagine correttamente esposta con tempi diversi registra strutture e dettagli della corona sempre diversi, preparando così il materiale per la successiva elaborazione via *software*. Scattare all'impazzata, dunque, è la mossa vincente, soprattutto se l'emozione dell'eclisse ci travolge.

Quanto all'elaborazione con *Photoshop*, o con analoghi programmi grafici, la tecnica da utilizzare è piuttosto lunga e si snoda in più passaggi che richiedono una discreta conoscenza del programma. Pertanto non la tratteremo dettagliatamente qui; ci limiteremo a fornire solo un esempio di metodo generale da seguire (ne esistono, infatti, tantissime varianti), così che il lettore possa farsi un'idea di come l'acquisizione e l'elaborazione digitale possano esaltare i più fini dettagli della corona.

Figura 1.20. Acquisendo varie immagini con tempi diversi è possibile, utilizzando elaborazioni *software*, fondere in una sola immagine dettagli che altrimenti sarebbero troppo luminosi, come la parte interna della corona, o troppo deboli, come la corona esterna, le stelle di sfondo e la superficie della Luna. La sensibilità del dispositivo digitale della fotocamera è così elevata che nemmeno l'occhio umano riesce a percepire la reale estensione della corona solare. (cortesia di Miloslav Druckmüller)

Il lavoro con il *software* di elaborazione inizia sovrapponendo fra loro gli scatti della totalità in modo da ottenere una pila di immagini con tempi diversi, posizionando quella con l'esposizione più lunga in basso, quella con l'esposizione più breve in alto e in mezzo, in progressione, le esposizioni intermedie. Si inizia facendo coincidere i dettagli di tutte le immagini, utilizzando la prima come riferimento, ruotando e scalando opportunamente tutte le altre; si prosegue creando una serie di maschere dai contorni sfumati e semitrasparenti per isolare le diverse parti della corona, a partire da quella più luminosa e man mano proseguendo verso l'esterno. Quando la maschera è attiva, essa protegge tutte le zone della foto sopra cui è stata applicata: si tratta di una sorta di scudo interposto fra l'immagine sottostante e i nostri strumenti di elaborazione, che non possono intervenire sui *pixel* fintantoché non pratichiamo dei "fori" nella maschera stessa, ovvero apriamo delle brecce nella barriera, dove la protezione viene così a mancare; sfumando i contorni di questi "buchi", l'intervento di elaborazione risulterà meno aggressivo e più graduale, rendendo più morbida e impercettibile la transizione fra un'immagine e l'altra.

Al termine di questo procedimento di mascheratura avremo ottenuto una pila di immagini alle quali sono state praticati, partendo dal basso, i "buchi" concentrici (le maschere) via via più larghi e sfumati, così da lasciar passare solo le parti meglio esposte della corona, bloccando quelle troppo luminose e sovraesposte: ora questo grande *sandwich* di immagini dev'essere compattato al fine di ottenere un'unica immagine somma; eventualmente, sarà possibile regolare la trasparenza di alcune delle immagini intermedie, così da rendere impercettibili le eventuali piccole imperfezioni della maschera.

Il lavoro difficile è terminato; si conclude l'elaborazione applicando i filtri del *software* adatti all'estrazione dei dettagli (che il nostro occhio ancora non riesce a vedere, ma che sono presenti nell'immagine). Utilizzando maschere di contrasto e maschere sfocate si possono evidenziare le strutture coronali interne, le linee del campo magnetico che escono dai poli e le punte affusolate dei pennacchi a elmetto, il tutto insieme alla cromosfera e alle protuberanze che, altrimenti, sarebbero affogate nella forte luminosità della corona vicino al bordo lunare. Un ritocco alla saturazione dei colori renderà più brillante le protuberanze e la cromosfera; allo stesso modo, può essere accentuato anche il colore del fondo cielo, che durante la totalità assume sempre un tono molto particolare, risultato di una delicata mescolanza di viola-azzurro con le iridescenti pennellate bianco-dorate della corona.

Chi ha fotografato l'eclisse con obiettivi a corta focale, può utilizzare i *software* di fotoritocco per ottenere una bella *sequenza* di tutto l'evento. Riprendendo il disco solare eclissato a intervalli di 5 minuti prima e dopo la totalità, si possono ritagliare i dischi del Sole dalle varie foto e poi allinearli fra loro in un'unica immagine, per mostrare come l'eclisse progredisce nel tempo. L'effetto ottenuto, posizionando la totalità al centro, è di sicuro effetto.

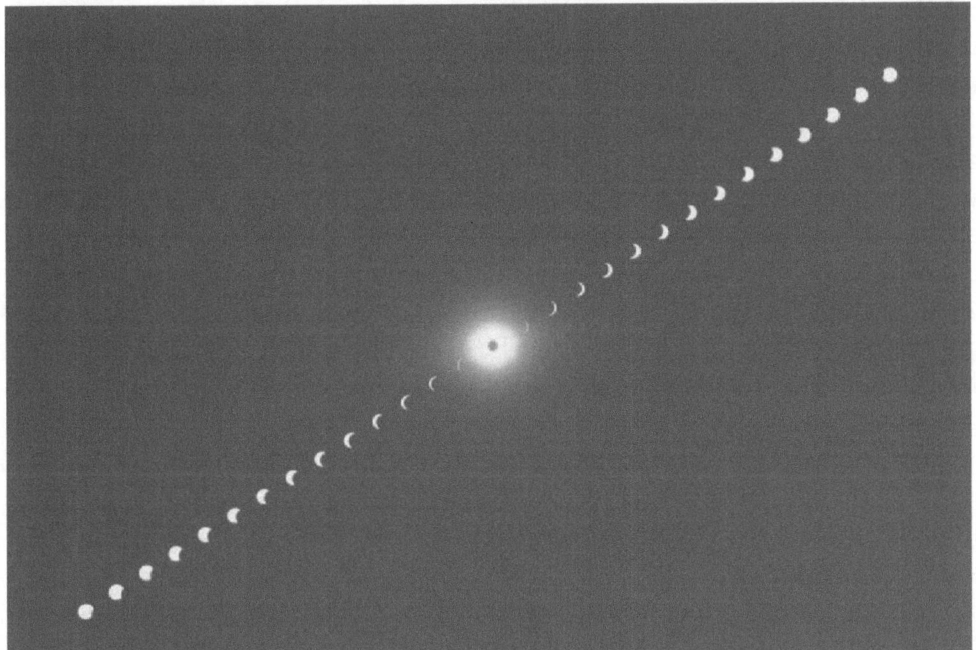

Figura 1.21. Impiegando un obiettivo a corta focale, su cavalletto, e riprendendo immagini a intervalli regolari, si può ottenere la sequenza dell'eclisse. L'immagine è frutto di un'elaborazione al computer. (cortesia di Lorenzo Comolli e Alessandro Gambaro)

Riprendere l'eclisse con la telecamera

Il vantaggio di riprendere l'eclisse con una videocamera digitale è quello di poter registrare, insieme alla corona, i continui mutamenti dell'ambiente circostante mano a mano che la totalità procede. Uno degli effetti più spettacolari da filmare è il tramonto infuocato che interessa tutto l'orizzonte.

Il tramonto a 360° che corre lungo l'orizzonte non si presenta mai uniforme, mostrando un'evidente asimmetria: la parte di crepuscolo che si staglia nella direzione da cui sopraggiunge l'ombra lunare si presenta più scura rispetto alla parte opposta, dove l'ombra si sta progressivamente inoltrando. Nel corso dei pochi minuti della totalità questa asimmetria scorre, piano piano, sull'orizzonte da un lato all'altro: riguardando il filmato a velocità doppia l'effetto è sorprendente.

Utilizzare una videocamera è forse ciò che più solleticherà i nostri ricordi di quel giorno, poiché non solo ci farà rivivere le emozionanti sequenze di quei momenti, ma completa l'esperienza unendo alle immagini anche voci e suoni.

La videoripresa è un'operazione semplice e alla portata di chiunque, che richiede però la scelta di un compromesso fra gli eventi che si vogliono registrare. La capacità di un sensore di raccogliere contemporaneamente i dettagli di una zona fortemente illuminata e di una regione adiacente molto buia si chiama *latitudine espositiva*. Ebbene, sotto questo aspetto non esiste ritrovato tecnologico che sia migliore dei nostri occhi; ecco perché è importantissimo guardare l'eclisse a occhio nudo o con il binocolo! Nessuna singola foto o filmato registrerà mai tutte le sfumature di colore e le intensità di luce che il nostro occhio è in grado di cogliere.

Per utilizzare correttamente la videocamera è necessario decidere se rinunciare alla cromosfera per registrare la corona in tutta la sua estensione oppure se filmare la cromosfera a discapito della corona (che risulterà solo un sottile anello bianco attorno al Sole, senza pennacchi né sbuffi). Nel primo caso sarà necessario, intervenendo sul menù di configurazione della videocamera, impostare l'esposizione in modalità manuale e con un tempo lungo (ad esempio 1/30s); un tempo più breve (sempre lasciando impostata l'esposizione manuale), attorno a 1/500s, farà perdere la corona, ma evidenzierà l'anello di diamanti al secondo e terzo contatto.

Con l'esposizione lunga si noterà, sul *display*, una fastidiosa linea luminosa verticale (fenomeno chiamato *blooming*), che indica come la luce che entra dall'obiettivo sia troppo intensa per il sensore; questo effetto, comunque, non danneggia la videocamera.

Come per la fotocamera digitale, anche nella videocamera vanno disattivati tutti gli automatismi di esposizione e messa a fuoco; per queste regolazioni si può fare riferimento alle tecniche sopra descritte per le *digicam*, mettendo a fuoco su un soggetto all'infinito.

Il cavalletto è un accessorio indispensabile per utilizzare con profitto il *camcorder*; questo va puntato sul Sole impostando un livello di *zoom* accettabile (attenzione alla rotazione terrestre che potrebbe far uscire il Sole dall'inquadratura!), facendo alcune prove durante la parzialità (meglio ancora quando si è ancora a casa) per cronometrare quanto tempo impiega la nostra stella a passare da una parte all'altra del campo, a meno che non la si voglia inseguire intervenendo manualmente sull'orientamento del cavalletto.

Uno *zoom* poco spinto permetterà di inquadrare anche l'orizzonte, ma il Sole risulterà molto piccolo; viceversa, a *zoom* più elevati la corona si mostrerà in tutta la sua estensione, con i suoi dettagli, ma verrà tagliato fuori l'ambiente circostante. Possiamo considerare anche la possibilità di costruire un piccolo filtro solare in *Astrosolar*, per proteggere l'obbiettivo della videocamera durante la ripresa della fase parziale.

Il Sole va inquadrato quando mancano circa uno-due minuti alla totalità, rimuovendo il filtro solare; fate partire la registrazione, completa di audio, e gustatevi l'eclisse; circa uno-due minuti dopo il terzo contatto la registrazione va interrotta poiché il Sole si scopre e la sua luce intensa entra nell'obbiettivo con il rischio di danneggiare il sensore.

Tornati a casa si potrà rivivere con nostalgia quei magici momenti guardando il filmato, riascoltando le voci, le grida e gli applausi vissuti in quei pochi minuti trascorsi sotto l'ombra della Luna.

Le indicazioni riportate non vogliono essere una rigida regola da seguire, ma solo una traccia da sviluppare e modificare in base alle proprie esigenze personali, per essere preparati a tutto e riuscire a fotografare o riprendere al meglio l'eclisse. La buona riuscita di foto e riprese dipende molto anche da fattori ambientali, fra cui l'orario in cui l'eclisse si svolge e l'altezza del Sole sull'orizzonte, oltre che da fattori emotivi; la capacità di mantenere il sangue freddo e la concentrazione in quei momenti potrebbe davvero fare la differenza. Non è da comunque da sottovalutare il ruolo giocato dall'esperienza.

È bene aggiungere che qualsiasi imprevisto si verifichi durante la fase di totalità è di difficile risoluzione a causa della pochissima luce ambientale, dei tempi ristretti (la corona di vede sempre solo per pochissimi minuti) e dell'emozione palpitante: se i tentativi di aggiustare l'imprevisto vanno a vuoto non bisogna perseverare nella sua risoluzione; si deve invece alzare lo sguardo al cielo, dimenticarsi della propria strumentazione e guardare l'eclisse, viverla intensamente fino alla fine, lasciarsi trasportare dalle emozioni che essa susciterà in ognuno di noi. Pazienza se le foto o le riprese non ci saranno! Nessuna fotografia o filmato potrà mai sostituire i ricordi delle sensazioni che si vivono in quei fugaci minuti spesi a guardare a occhio nudo l'eclisse totale di Sole. È una esperienza ricca di forti emozioni che ognuno di noi dovrebbe provare almeno una volta nella vita.

2 La nostra prima eclisse di Luna

2.1 Alla ricerca della Luna rossa

Le eclissi di Luna sono fenomeni meno spettacolari rispetto a quelle di Sole, ma non per questo poco interessanti; la magia della Luna che, a poco a poco, si tinge di un bel colore rosso arancio è un'esperienza poetica, intensa e particolare. Se l'eclisse di Sole, durante i pochi minuti della totalità, suscita in noi stupore, paura e meraviglia, l'eclisse di Luna porta con sé un'aura di mistero e una sensazione di piacevole serenità.

Fortunatamente, per assistere a questo evento, non sempre è indispensabile allontanarsi da casa; mentre per osservare il Sole nero dobbiamo necessariamente raggiungere una località posta all'interno della stretta fascia di totalità, per gustarci la Luna rossa basta osservare da un punto qualsiasi dell'emisfero terrestre per il quale la Luna sia sopra l'orizzonte; in termini pratici, è una grande comodità!

Chiaramente, per ogni eclisse, esistono regioni più favorite di altre, ovvero quelle in cui è possibile osservare il fenomeno nella sua interezza e con la Luna alta nel cielo, ma in buona sostanza possiamo affermare che la probabilità di osservare un'eclisse di Luna da una certa località è molto più alta rispetto a un'eclisse di Sole. In più, come vedremo, l'osservazione è assai più agevole.

Mediamente, da una stessa regione, è possibile assistere a un'eclisse di Luna ogni tre anni circa (totale o parziale), un tempo molto breve se paragonato alla frequenza con cui, da quello stesso luogo, si può osservare un'eclisse di Sole. Come abbiamo già visto, per queste ultime il tempo di ricorrenza varia di molto: mediamente da due a quattro secoli rispettivamente per un'eclisse anulare e per una totale.

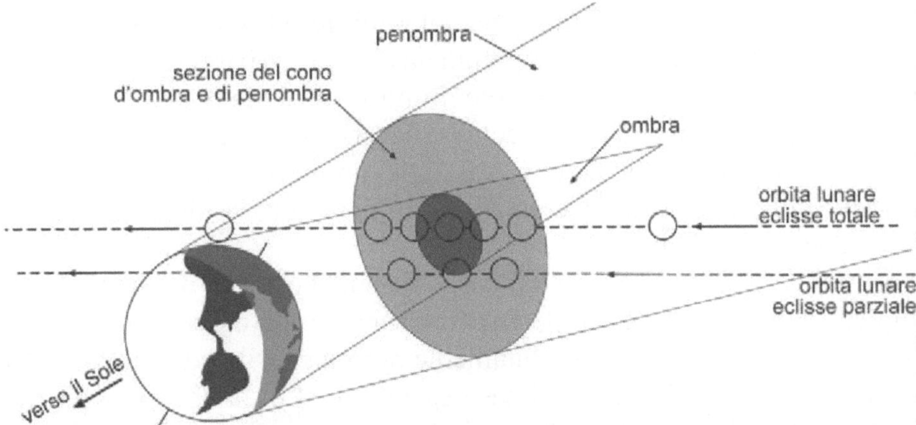

Figura 2.1. Come si verifica un'eclisse di Luna: il satellite s'immerge prima nel cono di penombra e poi transita, totalmente o parzialmente, nel cono d'ombra, assumendo il classico colore rosso (disegno non in scala).

Questi sono ovviamente valori medi e, pertanto, possono riservare notevoli sorprese: la città di Anversa, nel Belgio, assisterà per esempio a un'eclisse totale di Sole il 25 maggio 2142, dopo ben sette secoli di attesa, ma appena nove anni dopo (il 14 giugno 2151) la città sarà attraversata da una nuova fascia di totalità.

L'eclisse di Luna si verifica poiché il nostro satellite va a nascondersi dietro alla Terra, immergendosi nel lungo *cono di penombra* e di *ombra* che questa getta dietro di sé (Fig. 2.1); l'ombra buia del pianeta blocca i raggi solari che normalmente fanno risplendere il satellite del classico colore argentato, provocandone un forte oscuramento che può essere completo o parziale.

Un osservatore terrestre che assiste all'evento totale, quindi, dovrebbe vedere la Luna scomparire pian piano dal cielo: in realtà, ciò che si osserva, è il progressivo oscuramento del nostro satellite, con la superficie che si tinge di un rosso mattone, passando attraverso varie tonalità di giallo, arancione e bruno. Tale particolare colorazione è dovuta all'atmosfera terrestre che filtra la luce solare e lascia passare prevalentemente i colori vicini al rosso, diffondendo quelli in prossimità del blu che, così, non raggiungono la Luna.

La colorazione del satellite durante la totalità indica anche quanto l'atmosfera terrestre sia pulita e trasparente: se l'aria è particolarmente opaca, ad esempio a causa di polveri in sospensione rilasciate da una recente eruzione vulcanica, la colorazione si sposta verso tinte rosso cupo, talvolta tendenti al grigio o addirittura al nero.

Il 9 dicembre 1992 si verificò un'eclisse totale che agli osservatori parve essere molto scura: la causa furono le polveri che il vulcano filippino Pinatubo, esploso violentemente un anno prima, aveva rilasciato in atmosfera e che attenuarono la luce della Luna; nelle fasi prossime al massimo della totalità il satellite si presentò di un rosso talmente scuro che parve quasi scomparire dal cielo.

Durante la fase totale, la luminosità del satellite subisce sempre una drastica riduzione, dell'ordine di molte migliaia di volte. In particolari occasioni, tale fattore può crescere enormemente, in funzione della trasparenza atmosferica. Così, nell'eclisse del 30 dicembre 1963, anch'essa influenzata dalle polveri emesse dal vulcano Agung, a Bali, la luminosità del satellite calò di ben cinque milioni di volte! In condizioni simili la Luna risulta difficilmente visibile a occhio nudo in cielo.

Il calo di luce dipende anche dal luogo da cui si osserva il fenomeno: ad esempio, l'eclisse totale del 1989 fu scurissima per gli osservatori europei, ma Oltreoceano si presentò assolutamente normale, esibendo i tradizionali colori arancione e giallo. In quel caso specifico, al di là del ruolo giocato dall'altezza della Luna sull'orizzonte (in Europa era molto più bassa rispetto all'America), l'eccezionale calo di luce osservato nel Vecchio Continente era da attribuirsi alle condizioni atmosferiche locali.

Figura 2.2. La luminosità della Luna durante la fase di totalità si riduce di diverse migliaia di volte. A seconda della trasparenza atmosferica l'eclisse può risultare molto scura, facendo assumere alla Luna colorazioni rosso cupo. (Marco Bastoni, eclisse totale di Luna del 3 marzo 2007)

La nostra atmosfera è responsabile anche di altri effetti particolari che si manifestano solo in alcune occasioni, come la differenza di colorazione fra un bordo e l'altro della Luna, osservata nell'eclisse del 1993: in quella circostanza l'emisfero meridionale sembrò non essere mai veramente entrato nell'ombra terrestre (benché l'eclisse fosse totale), mentre l'emisfero settentrionale apparve scurissimo. È bene precisare che, in quel caso, la Luna si mantenne sempre molto vicina al bordo dell'ombra terrestre e, con ogni probabilità, è proprio questa la ragione che spiega la differente luminosità delle due parti; l'atmosfera della Terra diffonde così efficacemente la luce che impedisce all'ombra di disegnare un contorno netto e ben marcato: così, non c'è da meravigliarsi se la Luna in eclisse appare molto meno scura del previsto quando transita vicina al bordo dell'ombra.

Grazie a tutti questi fattori, che si combinano fra di loro, ogni eclisse totale

Figura 2.3. Durante la fase parziale di un'eclisse di Luna, la parte in ombra contrasta fortemente con quella ancora illuminata e la colorazione rossa non si manifesta agli osservatori. La parte in ombra sembra scomparire dal cielo. (Marco Bastoni, eclisse totale di Luna del 3 marzo 2007)

rappresenta un evento unico e sempre diverso. Vale dunque la pena di tentarne sempre l'osservazione, ogni volta che si presenta l'occasione.

Come per le eclissi di Sole, assistere alla Luna rossa richiede preparazione e pianificazione, benché le operazioni da compiere siano molto meno laboriose. Si parte, ovviamente, dall'individuazione della data in cui l'eclisse è visibile dal nostro Paese (o da uno Stato estero, se si avesse intenzione di viaggiare), passando poi a identificare il tipo di eclisse che si andrà ad osservare. A questo riguardo, anche un'eclisse parziale di Luna è un fenomeno curioso che vale la pena di seguire, anche se il nostro satellite non assumerà mai la colorazione rossastra che esibisce nelle eclissi totali. Invece, nella fase parziale, il suo disco viene semplicemente solcato da un'ombra scura, dal bordo curvo e sfumato, che ne fa quasi scomparire una parte dal cielo.

Per sapere se l'eclisse sarà totale o parziale dobbiamo analizzare il percorso che la Luna compie all'interno dei coni di penombra e d'ombra terrestre: infatti, potrebbe intercettare solo la porzione più esterna (la penombra), oppure immergersi completamente o parzialmente nell'oscurità dell'ombra. Da queste varie combinazioni emergono cinque tipi di eclissi di Luna differenti.

Immaginiamo di sezionare i coni d'ombra e di penombra terrestri alla distanza della Luna, cioè a circa 384.400 km da noi; la sezione mostrerà due cerchi concentrici di cui quello interno (il cono d'ombra) ha un diametro pari a circa tre volte il diametro lunare, mentre l'altro misura all'incirca cinque diametri lunari (Fig. 2.4).

L'eclisse totale si dice *centrale* (Fig. 2.4 a) se il disco della Luna passa sopra il centro del cono d'ombra terrestre; questo è anche il caso della massima durata per la totalità e del massimo oscuramento della Luna, in quanto il centro del cono d'ombra è la parte più buia. In tutti gli altri casi di eclisse totale il disco della Luna, pur essendo completamente immerso nell'ombra, risulterà un poco spostato dal centro, dando origine a un'*eclisse totale non centrale* (Fig. 2.4 b).

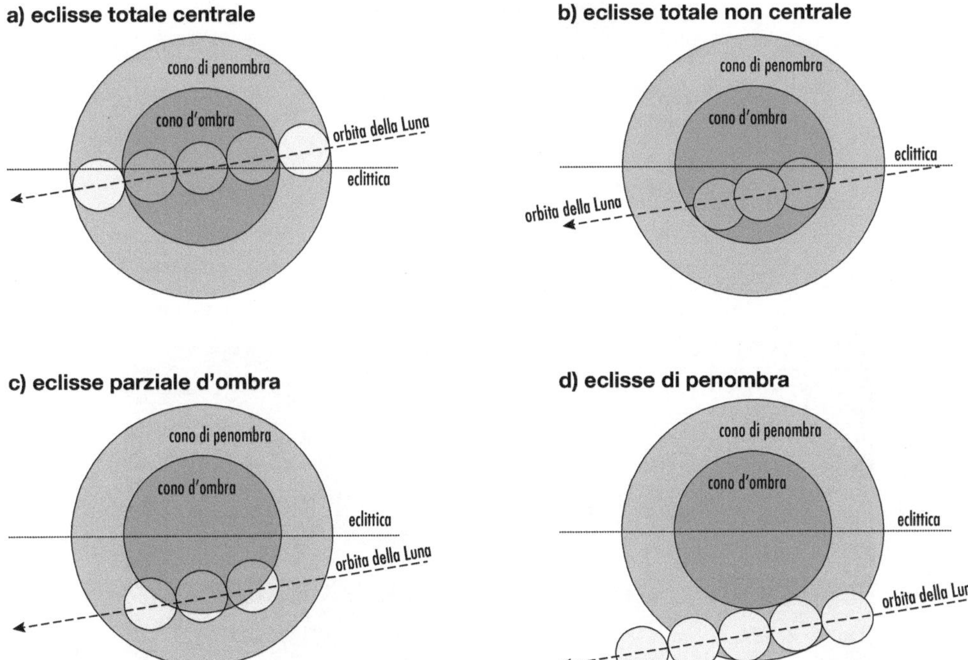

Figura 2.4. I coni d'ombra e di penombra terrestri visti alla distanza della Luna misurano rispettivamente circa tre e cinque diametri lunari. A seconda di come la Luna s'immerge nell'oscurità, si possono produrre eclissi totali e parziali d'ombra o di penombra.

Le eclissi lunari centrali sono molto più rare di quelle non centrali e in esse la Luna, generalmente, assume un colore rosso cupo, o grigio quasi nero, perdendo buona parte delle caratteristiche tonalità arancio per tutto il tempo in cui il satellite si trova in prossimità del centro del cono d'ombra.

Invece, se la distanza fra il centro del disco lunare e il centro del cono d'ombra è elevata, la Luna attraversa solo in parte il cono d'ombra, producendo un'*eclisse parziale d'ombra* (Fig. 2.4 c), con la parte restante che rimane comunque all'interno della penombra; l'oscuramento prodotto dall'ombra è molto evidente e risulta ben visibile anche all'osservatore che, non informato dell'evento, rivolgesse casualmente lo sguardo al cielo.

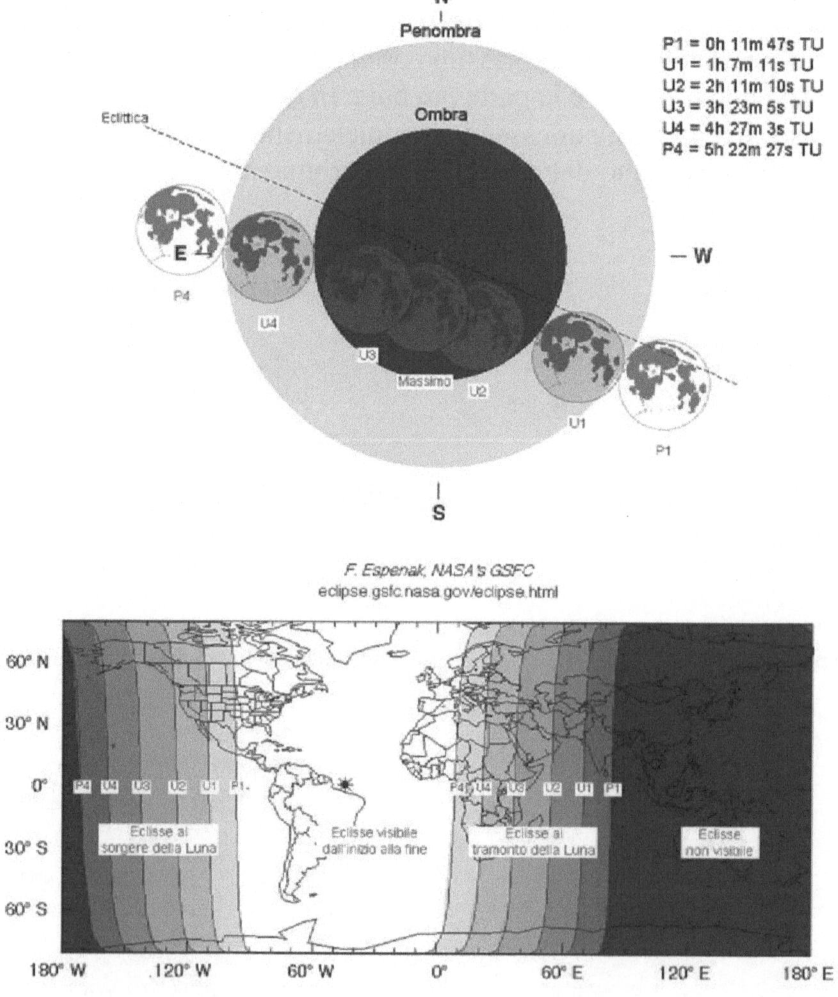

Figura 2.5. La scheda, disponibile al sito NASA, è relativa all'eclisse totale di Luna del 28 settembre 2015, che in buona parte sarà visibile anche dall'Italia. (cortesia di Fred Espenak, NASA/GSFC)

Se la distanza fra i due centri è ancora maggiore, la Luna può eludere il transito dentro l'ombra terrestre, restando comunque completamente immersa nella penombra (*eclisse totale di penombra*, Fig. 2.4 d); questo fenomeno è percepibile solo con difficoltà a causa del leggerissimo oscuramento causato dalla penombra.

L'eclisse parziale di penombra, ultimo caso possibile per le eclissi di Luna, vede il nostro satellite transitare nella penombra solo con una parte del suo disco; l'evento è percepibile solo se si scatta una fotografia e si elabora l'immagine con *software* di fotoritocco, per far risaltare l'impercettibile differenza di tonalità fra la zona eclissata e la zona normalmente illuminata.

Per sapere quale tipo di eclisse prenderà forma in cielo, in quali parti del globo e in che orario, possiamo riferirci nuovamente al sito NASA già citato, che fornisce le schede dettagliate per ogni fenomeno con tutti i dati necessari.

La Fig. 2.5 rappresenta la scheda riferita all'eclisse totale di Luna (non centrale) che si potrà osservare, anche dall'Italia, il 28 settembre 2015 (per maggiori dettagli su questo evento si veda il capitolo 4, pag. 108). La parte superiore dell'immagine mostra il percorso della Luna entro i coni d'ombra e di penombra: da questa rappresentazione è possibile dedurre se l'eclisse sarà parziale o totale e quanto questa potrà essere scura (valutando se l'eclisse è più o meno centrale; poi conteranno anche i fattori atmosferici che, però, non possiamo prevedere). Se osserveremo quest'eclisse, è lecito aspettarsi che il lembo lunare nord, più vicino al centro del cono d'ombra, si presenti più scuro rispetto al lembo sud.

L'eclisse di Luna evolve in varie fasi e il passaggio da uno stadio al successivo viene indicato con una lettera maiuscola e un numero progressivo. Riferendoci alla Fig. 2.5, si indica con P1 l'istante in cui il disco lunare in ingresso tocca la penombra, evento evanescente e quasi inavvertibile. L'eclisse è ufficialmente iniziata, ma dovranno passare alcune decine di minuti prima che il fenomeno possa essere percepito in fotografia. La Luna, infatti, impiega circa un'ora per attraversare la penombra e toccare il bordo dell'ombra: anche questo istante, indicato con U1, è difficilmente percepibile a causa del bordo sfumato dell'ombra terrestre; bastano però pochi minuti per avvertire l'avanzamento dell'oscurità e il progressivo offuscarsi della superficie lunare.

Dopo circa un'altra ora la Luna sarà entrata completamente nel cono d'ombra (U2) e da questo momento inizia la fase di totalità che può durare da alcune decine di minuti fino a un massimo di 1h 44m, a seconda di quanto l'eclisse transita in vicinanza del centro del cono d'ombra.

L'istante U3 segna la fine della totalità e il passaggio progressivo della Luna in uscita dall'ombra alla penombra; quando il satellite sarà completamente distaccato dall'ombra (U4) impiegherà nuovamente un'ora per liberarsi anche della tenue penombra (P4): questo è l'istante che segna la fine dell'evento.

Figura 2.6. L'evoluzione dell'eclisse di Luna del 3 marzo 2007, dalla fase parziale fino alla totalità. La Luna inizialmente s'immerge nella penombra (non visibile nella foto), poi prosegue nell'ombra che la fa apparire via via più scura. Quando l'immersione nell'ombra è completa il satellite assume una tipica colorazione rossastra. (Marco Bastoni)

La durata complessiva copre un arco temporale molto ampio, arrivando a protrarsi per ben cinque ore: un'ora è necessaria alla Luna per attraversare la penombra in ingresso (da P1 a U1), ne occorrono circa tre per attraversare completamente l'ombra da parte a parte (da U1 a U4, comprendenti la fase parziale e quella totale) e una per uscire dalla penombra (da U4 a P4).

Nella parte inferiore della Fig. 2.5, le linee corrispondenti ai vari contatti dell'eclisse disegnate su una proiezione del globo terrestre indicano i luoghi dove gli eventi saranno visibili. Nei territori compresi all'interno dell'area bianca l'eclisse è completamente visibile, dal contatto P1 fino al contatto P4, con il nostro satellite più o meno alto sull'orizzonte; quanto più ci si approssima alla zona indicata con l'asterisco, tanto più l'eclisse si produrrà con la Luna alta in cielo, favorendo fotografie e osservazioni.

Ai margini di questa vasta area si sviluppano cinque fasce entro le quali l'eclisse si produce sempre più verso l'alba o il tramonto della Luna. Nella scheda si nota come in Alaska la Luna sorga quando la totalità è già finita (la regione si trova fra U3 e U4). Più ci si sposta verso est, meglio visibile risulterà il fenomeno; la penisola della California perderà le fasi parziali iniziali, trovandosi fra U1 e U2, e vedrà sorgere una Luna già completamente immersa nella penombra; procedendo verso Oriente le condizioni osservative diventano sempre più vantaggiose e, a partire dalla longitudine del Messico fino ad arrivare a quelle della Francia, il fenomeno si manifesterà completo, dall'inizio alla fine.

L'Italia si trova in una posizione abbastanza favorevole, pur risultando a cavallo fra due fasi: nei territori del nord-ovest, infatti, l'eclisse terminerà contemporaneamente con il tramonto della Luna, mentre il nord-est, il centro e le regioni meridionali della nostra penisola, insieme alla Grecia (tutti territori posizionati fra P4 e U4), osserveranno tramontare il satellite ancora immerso nella penombra. Inoltrandosi ancora più a est, il Medio Oriente gusterà la totalità con la Luna appoggiata all'orizzonte e prossima al tramonto; per gli osservatori posti al di là dell'India l'eclisse non è visibile in quanto il Sole illumina quell'emisfero terrestre e la Luna si trova sotto l'orizzonte.

Sarà possibile tentare l'osservazione di quest'eclisse dal nostro Paese, meteo permettendo, anche se questa si produce in orari alquanto scomodi, sviluppandosi quasi completamente nella seconda parte della notte: la totalità, della durata di 1h 11m, si osserverà intorno alle 4h 30m del mattino con il satellite ancora abbastanza alto sull'orizzonte. Ai primi raggi del Sole la fase parziale sarà ormai finita, con la Luna quasi adagiata all'orizzonte ovest, a un passo dal tramonto.

Se si vuole gustare appieno un'eclisse di Luna è necessario che le condizioni meteo siano quanto più favorevoli per il luogo di osservazione. In questo caso esiste un vantaggio in più rispetto alle eclissi di Sole, poiché, non essendo vincolati al sottile corridoio della fascia di totalità, possiamo spostarci in regioni prossime alla nostra dove le previsioni meteo risultano migliori; consultare i siti meteo già due o tre giorni prima dell'evento aiuterà a farsi un'idea del movimento di eventuali fronti nuvolosi, offrendoci la possibilità di far scattare un eventuale piano alternativo in caso di maltempo sulla nostra città.

La presenza di nuvole spesse rende di fatto impossibile l'osservazione, ma piccole velature (pur rovinando lo spettacolo) consentiranno comunque di osservare l'avanzata dell'ombra terrestre fino alla totalità.

2.2 Le prossime eclissi di Luna fino al 2050

Le eclissi di Luna non sono eventi troppo rari: la possibilità di assistervi, alla sola condizione che la Luna sia sopra l'orizzonte, garantisce che nell'arco di una decina d'anni se ne verifichino almeno un paio, magari solo parziali o poco favorevoli, ma comunque visibili.

La Tabella 2.1 riporta tutti gli eventi totali e parziali, sia di ombra che

Tabella 2.1 Le circostanze relative alle eclissi di Luna, totali e parziali, d'ombra e di penombra, visibili sulla Terra dal 2010 al 2050. (cortesia di Fred Espenak, NASA/GSFC)

data	massimo (TU)	tipo	Saros	magnitudine d'ombra	durata centrale	regioni geografiche di visibilità
26 giu. 2010	11h 39m 34s	parziale	120	0,537	2h 43m	Asia Orientale, Australia, Pacifico, Americhe Occidentali
21 dic. 2010	8h 18m 4s	totale	125	1,256	3h 29m **1h 12m**	Asia Orientale, Australia, Pacifico, Americhe, Europa
15 giu. 2011	20h 13m 43s	totale	130	1,700	3h 39m **1h 40m**	Sud America, Europa, Africa, Asia, Australia
10 dic. 2011	14h 32m 56s	totale	135	1,106	3h 32m **0h 51m**	Europa, Africa orientale, Asia, Australia, Pacifico, Nord America
4 giu. 2012	11h 4m 20s	parziale	140	0,370	2h 7m	Asia, Australia, Pacifico, Americhe
28 nov. 2012	14h 34m 7s	penombra	145	-0,187		Europa, Africa orientale, Asia, Australia, Pacifico, Nord America
25 apr. 2013	20h 8m 38s	parziale	112	0,015	0h 27m	Europa, Africa, Asia, Australia
25 mag. 2013	4h 11m 6s	penombra	150	-0,934		Americhe, Africa
18 ott. 2013	23h 51m 25s	penombra	117	-0,272		Americhe, Europa, Africa, Asia
15 apr. 2014	7h 46m 48s	totale	122	1,291	3h 35m **1h 18m**	Australia, Pacifico, Americhe
8 ott. 2014	10h 55m 44s	totale	127	1,166	3h 20m **0h 59m**	Asia, Australia, Pacifico, Americhe
4 apr. 2015	12h 1m 24s	totale	132	1,001	3h 29m **0h 5m**	Asia, Australia, Pacifico, Americhe
28 set. 2015	2h 48m 17s	totale	137	1,276	3h 20m **1h 12m**	Pacifico Orientale, Americhe, Europa, Africa, Asia Occidentale

Data	Ora	Tipo	N	Mag.	Durata	Visibilità
23 mar. 2016	11h 48m 21s	penombra	142	-0,312		Asia, Australia, Pacifico, Americhe Occidentali
16 set. 2016	18h 55m 27s	penombra	147	-0,064		Europa, Africa, Asia, Australia, Pacifico Occidentale
11 feb. 2017	00h 45m 3s	penombra	114	-0,035		Americhe, Europa, Africa, Asia
7 ago. 2017	18h 21m 38s	parziale	119	0.246	1h 55m	Europa, Africa, Asia, Australia
31 gen. 2018	13h 31m 00s	totale	124	1,315	3h 23m **1h 16m**	Asia, Australia, Pacifico, Nord America Occidentale
27 lug. 2018	20h 22m 54s	totale	129	1,609	3h 55m **1h 43m**	Sud America, Europa, Africa, Asia, Australia
21 gen. 2019	5h 13m 27s	totale	134	1,195	3h 17m **1h 2m**	Pacifico Centrale, Americhe, Europa, Africa
16 lug. 2019	21h 31m 55s	parziale	139	0,653	2h 58m	Sud America, Europa, Africa, Asia, Australia
10 gen. 2020	19h 11m 11s	penombra	144	-0,116		Europa, Africa, Asia, Australia
5 giu. 2020	19h 26m 14s	penombra	111	-0,405		Europa, Africa, Asia, Australia
5 lug. 2020	4h 31m 12s	penombra	149	-0,644		Americhe, Europa sudoccidentale, Africa
30 nov. 2020	9h 44m 1s	penombra	116	-0,262		Asia, Australia, Pacifico, Americhe
26 mag. 2021	11h 19m 53s	totale	121	1,009	3h 7m **0h 15m**	Asia Orientale, Australia, Pacifico, Americhe
19 nov. 2021	9h 4m 6s	parziale	126	0,974	3h 28m	Americhe, Nord Europa, Asia Orientale, Australia, Pacifico
16 mag. 2022	4h 12m 42s	totale	131	1,414	3h 27m **1h 25m**	Americhe, Europa, Africa
8 nov. 2022	11h 00m 22s	totale	136	1,359	3h 40m **1h 25m**	Asia, Australia, Pacifico, Americhe
5 mag. 2023	17h 24m 5s	penombra	141	-0,046		Africa, Asia, Australia
28 ott. 2023	20h 15m 18s	parziale	146	0,122	1h 17m	America Orientale, Europa, Africa, Asia, Australia
25 mar. 2024	7h 13m 59s	penombra	113	-0,132		Americhe

data	massimo (TU)	tipo	Saros	magnitudine d'ombra	durata centrale	regioni geografiche di visibilità
18 set. 2024	2h 45m 25s	parziale	118	0,085	1h 3m	Americhe, Europa, Africa
14 mar. 2025	6h 59m 56s	totale	123	1,178	3h 38m **1h 5m**	Pacifico, Americhe, Europa Occidentale, Africa Occidentale
7 set. 2025	18h 12m 58s	totale	128	1,362	3h 29m **1h 22m**	Europa, Africa, Asia, Australia
3 mar.2026	11h 34m 52s	totale	133	1,151	3h 27m **0h 58m**	Asia Orientale, Australia, Pacifico, Americhe
28 ago. 2026	4h 14m 4s	parziale	138	0,930	3h 18m	Pacifico Orientale, Americhe, Europa, Africa
20 feb. 2027	23h 14m 6s	penombra	143	-0,057		Americhe, Europa, Africa, Asia
18 lug. 2027	16h 4m 9s	penombra	110	-1.068		Africa Orientale, Asia, Australia, Pacifico
17 ago. 2027	7h 14m 59s	penombra	148	-0,525		Pacifico, Americhe
12 gen. 2028	4h 14m 13s	parziale	115	0.066	0h 56m	Americhe, Europa, Africa
6 lug. 2028	18h 20m 57s	parziale	120	0,389	2h 21m	Europa, Africa, Asia, Australia
31 dic. 2028	16h 53m 15s	totale	125	1,246	3h 29m **1h 11m**	Europa, Africa, Asia, Australia, Pacifico
26 giu. 2029	3h 23m 22s	totale	130	1,844	3h 40m **1h 42m**	Americhe, Europa, Africa, Medio Oriente
20 dic. 2029	22h 43m 12s	totale	135	1,117	3h 33m **0h 54m**	Americhe, Europa, Africa, Asia
15 giu. 2030	18h 34m 34s	parziale	140	0,502	2h 24m	Europa, Africa, Asia, Australia
9 dic. 2030	22h 28m 51s	penombra	145	-0,163		Americhe, Europa, Africa, Asia
7 mag. 2031	3h 52m 2s	penombra	112	-0,090		Americhe, Europa, Africa
5 giu. 2031	11h 45m 17s	penombra	150	-0,820		Indie Orientali, Australia, Pacifico

30 ott. 2031	7h 46m 45m	penombra	117	-0,320		Americhe
25 apr. 2032	15h 14m 51s	totale	122	1,191	3h 31m **1h 6m**	Africa Orientale, Asia, Australia, Pacifico
18 ott. 2032	19h 3m 40s	totale	127	1,103	3h 16m **0h 47m**	Africa, Europa, Asia, Australia
14 apr. 2033	19h 13m 51s	totale	132	1,094	3h 35m **0h 49m**	Europa, Africa, Asia, Australia
8 ott. 2033	10h 56m 23s	totale	137	1,350	3h 22m **1h 19m**	Asia, Australia, Pacifico, Americhe
3 apr. 2034	19h 6m 59s	penombra	142	-0,227		Europa, Africa, Asia, Australia
28 set. 2034	2h 47m 37s	parziale	147	0,014	0h 27m	Americhe, Europa, Africa
22 feb. 2035	9h 6m 12s	penombra	114	-0,053		Asia Orientale, Pacifico, Americhe
19 ago.2035	1h 12m 15s	parziale	119	0,104	1h 17m	Americhe, Europa, Africa, Medio Oriente
11 feb. 2036	22h 13m 6s	totale	124	1,299	3h 22m **1h 14m**	Americhe, Europa, Africa, Asia, Australia Occidentale
7 ago. 2036	2h 52m 32s	totale	129	1,454	3h 51m **1h 35m**	Americhe, Europa, Africa, Asia Occidentale
31 gen. 2037	14h 1m 38s	totale	134	1,207	3h 17m **1h 4m**	Est Europa, Est Africa, Asia, Australia, Pacifico, Nord America
27 lug. 2037	4h 9m 53s	parziale	139	0,809	3h 12m	Americhe, Europa, Africa
21 gen. 2038	3h 49m 52s	penombra	144	-0,114		Americhe, Europa, Africa
17 giu. 2038	2h 45m 2s	penombra	111	-0,527		Nord-Est America, Centro e Sud America, Africa, Ovest Europa
16 lug. 2038	11h 35m 56s	penombra	149	-0,495		Australia, Asia Orientale, Pacifico, Americhe Occidentali
11 dic. 2038	17h 44m 60s	penombra	116	-0,289		Europa, Africa, Asia, Australia
6 giu. 2039	18h 54m 25s	parziale	121	0,885	2h 59m	Europa, Africa, Asia, Australia

data	massimo (TU)	tipo	Saros	magnitudine d'ombra	durata centrale	regioni geografiche di visibilità
30 nov. 2039	16h 56m 28s	parziale	126	0,943	3h 26m	Europa, Africa, Asia, Australia, Pacifico
26 mag. 2040	11h 46m 22s	totale	131	1,535	3h 31m **1h 32m**	Asia Orientale, Australia, Pacifico, Americhe Occidentali
18 nov. 2040	19h 4m 41s	totale	136	1,397	3h 40m **1h 28m**	Americhe Orientali, Europa, Africa, Asia, Australia
16 mag. 2041	00h 43m 3s	parziale	141	0,064	0h 58m	Americhe Orientali, Europa, Africa, Asia Occidentale
8 nov. 2041	4h 35m 5s	parziale	146	0,170	1h 30m	Americhe, Europa, Africa
5 apr. 2042	14h 30m 11s	penombra	113	-0,218		Asia, Australia, Pacifico
29 set. 2042	10h 45m 47s	penombra	118	-0,003		Asia, Australia, Pacifico, Americhe
25 mar. 2043	14h 32m 4s	totale	123	1,114	3h 35m **0h 53m**	Est Africa, Est Europa, Asia, Australia, Pacifico, America Nord-Ovest
19 set. 2043	1h 51m 50s	totale	128	1,256	3h 26m **1h 12m**	Americhe, Europa, Africa, Asia Occidentale
13 mar. 2044	19h 38m 33s	totale	133	1,203	3h 29m **1h 6m**	Sud America orientale, Europa, Africa, Asia, Australia
7 set. 2044	11h 20m 44s	totale	138	1,046	3h 26m **0h 34m**	Asia Orientale, Australia, Pacifico, Americhe
3 mar. 2045	7h 43m 26s	penombra	143	-0,017		Americhe
27 ago. 2045	13h 54m 50s	penombra	148	-0,392		Asia, Australia, America Nord-Ovest
22 gen. 2046	13h 2m 37s	parziale	115	0,053	0h 50m	Asia, Australia, Nord America
18 lug. 2046	1h 6m 5s	parziale	120	0,246	1h 55m	Americhe, Europa, Africa, Asia Occidentale
12 gen. 2047	1h 26m 14s	totale	125	1,234	3h 29m **1h 10m**	Americhe, Europa, Africa, Asia

7 lug. 2047	10h 35m 45s	totale	130	1,751	3h 39m **1h 41m**	Asia Orientale, Australia, Pacifico, Americhe
1 gen. 2048	6h 53m 55s	totale	135	1,128	3h 34m **0h 56m**	Asia, Pacifico, Americhe, Ovest Europa, Ovest Africa
26 giu. 2048	2h 2m 28s	parziale	140	0,639	2h 39m	Americhe, Europa, Africa
20 dic. 2048	6h 27m 48s	penombra	145	-0,144		Americhe, Europa, Africa Occidentale
17 mag. 2049	11h 26m 39s	penombra	112	-0,209		Asia Orientale, Australia, Pacifico, Americhe Occidentali
15 giu 2049	19h 14m 12s	penombra	150	-0,699		Europa, Africa, Asia, Australia
9 nov. 2049	15h 52m 11s	penombra	117	-0,355		Europa, Africa, Asia, Australia, Pacifico, Nord-Ovest America
6 mag. 2050	22h 32m 2s	totale	122	1,077	3h 26m **0h 43m**	Americhe Orientali, Europa, Africa, Asia, Ovest Australia
30 ott. 2050	3h 21m 47s	totale	127	1,054	3h 13 m **0h 34m**	Americhe, Europa, Africa, Asia Occidentale

di penombra, dal 2010 fino al 2050; per ogni eclisse è indicata la data in cui questa si svolge, l'orario in TU del massimo (ovvero il momento in cui la Luna è occultata al massimo possibile), il tipo, il numero del Saros e la magnitudine (che saranno spiegati nel capitolo 3), la durata e le regioni terrestri interessate.

Per quanto riguarda la durata dell'evento, il primo numero indica l'arco temporale della fase di ombra (da U1 a U4), mentre il secondo, evidenziato in grassetto, specifica la durata della totalità.

Le eclissi con la totalità più lunga nel periodo considerato si verificheranno il 27 luglio 2018, con una totalità di ben 1h 42m 57s, il 26 giugno 2029 (l'eclisse più centrale) la cui totalità durerà 1h 41m 53s e il 7 luglio 2047, con 1h 40m 49s di totalità. Purtroppo l'Italia non è particolarmente favorita in nessuno di questi tre eventi (nell'ultimo, quello del 2047, l'eclisse non sarà neppure visibile).

L'eclisse del 2018 si svolgerà nel nostro Paese nella prima parte della notte, al sorgere della Luna. Le regioni centro-settentrionali si troveranno nella fascia U2-U1, pertanto il satellite emergerà dall'orizzonte quando la fase totale è già finita; ma al centro-sud le circostanze saranno ancora peggiori, trovandosi quelle regioni all'interno della fascia U1-P1 (sarà dunque visibile la sola eclisse di penombra, al sorgere della Luna). I luoghi migliori per l'osservazione di questa eclisse saranno il Medio Oriente, l'India, la parte orientale dell'Africa e il continente antartico.

Le cose si presenteranno migliori, anche se di poco, nel 2029, quando tutta l'Italia si troverà in piena totalità con la Luna prossima all'orizzonte, a un passo dal tramonto. La spettacolarità, in questo caso, può essere offerta dalla possibilità di fotografare la Luna eclissata insieme agli elementi paesaggistici. Le regioni favorite, in questo caso, saranno i Caraibi, l'America del Sud e l'Antartide.

Nessuna speranza per l'eclisse del 2047, visibile solo dall'Antartide e in tutto il Pacifico, territori dell'Australia orientale compresi; in quel momento, infatti, in Europa sarà pieno giorno.

Fortunatamente, anche se non potremo assistere agli eventi con la totalità più lunga, nel periodo considerato si verificheranno altre sei eclissi totali di Luna che l'Italia vivrà da protagonista; quattro di queste (20 dicembre 2029, 11 febbraio 2036, 12 gennaio 2047 e 6 maggio 2050) vedranno la Luna alta sull'orizzonte verso il centro della notte e quindi in posizione ottimale per le osservazioni; nelle rimanenti due (18 novembre 2040 e 19 settembre 2043) l'evento completo si verificherà più vicino all'alba o al tramonto della Luna, ma comunque le condizioni d'osservazione saranno più che buone.

2.3 Occhi al cielo, la Luna diventa rossa!

La mescolanza di fattori locali e atmosferici, uniti alle circostanze geometriche, rende ogni eclisse di Luna uno spettacolo a sé, nuovo e irripetibile.

Vedere l'oscuramento compiersi con la Luna alta nel cielo offre sicuramente le opportunità migliori per osservare e riprendere fotografie, ma anche gli eventi che si manifestano bassi sull'orizzonte (come è stato per l'eclisse del 15 giugno 2011) possono regalare belle emozioni, sullo sfondo di panorami suggestivi.

L'eclisse va gustata senza particolari strumentazioni, semplicemente osservandola a occhio nudo; se però si desidera assistere a uno strepitoso *show* di colori e sfumature è necessario ingrandire leggermente il disco lunare, così da percepirne anche i fini dettagli superficiali, come crateri e mari; l'ottica principe per questo genere di osservazioni è il binocolo, strumento che è assolutamente da preferire al telescopio; esso, infatti, offre immagini brillanti della Luna e mantiene un'ottima fedeltà nelle sfumature di colore durante la totalità, regalando visioni mozzafiato. Se si intende utilizzare il telescopio, è bene osservare l'eclisse impiegando oculari a basso ingrandimento, così che tutta la Luna sia interamente contenuta nel campo e l'immagine risulti nel complesso più brillante.

Un binocolo 20×80 o 20×90 è l'ideale, anche se spettacoli meravigliosi sono offerti anche da strumenti ben più modesti. Il consiglio è di fissare il binocolo a un robusto treppiede, così da poter osservare stando comodamente seduti e avere l'immagine sempre stabile. Il tremolio delle mani, mentre sosteniamo l'ottica, impedisce all'occhio di percepire i fini dettagli della superficie lunare e rende faticosa e poco agevole l'osservazione.

Se non si avesse a disposizione un cavalletto fotografico, si possono trovare espedienti alternativi per mantenere lo strumento il più fermo possibile, come appoggiarsi a un muretto, a un albero oppure al cofano dell'auto. Anche impugnare il binocolo vicino all'obiettivo, in prossimità delle lenti frontali, permetterà alle nostre braccia di affaticarsi meno, rendendo l'immagine più ferma. L'eclisse sarà così molto più godibile.

Il primo contatto, P1, di sicuro ci sfugge: pur sapendo che a una determinata ora della notte la Luna tocca la penombra, all'osservazione nulla è praticamente avvertibile. Le stelle più luminose scintillano sulla volta celeste colorata di un blu ingrigito dal chiarore della Luna Piena; le costellazioni lì vicino sono quasi invisibili e solo un occhio esperto potrà faticosamente riconoscerle. Ma pian piano, mentre la Luna scivolerà nell'oscurità, anche lo sfondo di stelle inizierà timidamente a mostrarsi.

Un'ora deve passare perché il satellite argentato giunga al secondo contatto, all'istante U1, quando il disco brillante intercetta il cono oscuro dell'ombra terrestre. Al binocolo la Luna si mostra ancora molto luminosa e generosa di dettagli, con i mari ben visibili e i crateri più grandi in evidenza; il disco appare però intaccato da una sottile fascia semicircolare scura che, lentamente ma inesorabilmente, avanza sulla superficie. L'eclisse parziale d'ombra è iniziata.

Circa trenta minuti dopo il contatto U1, la Luna è per metà oscurata e per metà ancora intensamente luminosa. L'ambiente intorno, che prima risplendeva di un'evidente luce argentea, ora è un po' più spento, anche se la luce lunare rimane così intensa che oggetti e persone proiettano ancora ombre sul terreno. Al binocolo l'oscurità che avanza appare di un nero intenso che pian piano sfuma verso il grigio e poi passa di colpo al bianco argenteo nella porzione ancora illuminata. Risulta molto chiara la forma ad arco dell'ombra terrestre, prova inconfutabile della sfericità del nostro pianeta, che mostra una curvatura decisamente meno pronunciata di quella lunare, a ricordarci che la Terra è quasi quattro volte più grande della Luna.

A dieci minuti dalla totalità, la Luna è ridotta a una sottile e luminosa falcetta, mentre il cielo si popola di stelle che prima non erano visibili; le ombre sul terreno iniziano a confondersi con il buio della notte e la luce che ancora viene riflessa dalla parte illuminata della Luna rende spettrale l'atmosfera intorno a noi.

La zona d'ombra è ancora scura, nera, come scomparsa dal cielo, e viene lecito domandarsi perché il tipico colore rosso ancora non si manifesti. Il fatto è che il nostro occhio non riesce a compensare efficacemente la forte luce che ancora la Luna riflette; in questi minuti, il colore rosso è talmente debole che l'occhio non riesce a coglierne le sfumature. Al binocolo, che raccoglie più luce rispetto all'occhio umano, la colorazione rossa è già evidente (ancor di più lo è se si scatta una foto).

Finalmente arriva l'istante U2, che segna l'inizio della totalità. L'emozione incalza quando, attraverso il binocolo, un sottilissimo spicchio di Luna illuminata viene lentamente inghiottito dall'oscurità e si tinge di un intenso giallo oro. Ora la Luna risplende debole in cielo, mostrando sfumature di colori che vanno dal rosso scuro (quasi nero) nella zona vicina al centro del cono d'ombra, al rosso mattone, che si trasforma più in là in un luminoso arancione con qualche pennellata di giallo.

Se abbiamo scelto una località non disturbata dall'inquinamento luminoso, nel cielo scintillano anche le stelle più deboli, come in una notte di novilunio, che rivestono la volta celeste spingendosi fino al bordo del satellite oscurato. Se l'eclisse avviene in estate lo spettacolo si fa maestoso guardando in direzione delle costellazioni dello Scorpione e del Sagittario: qui la Via Lattea, come un tappeto di stelle, incornicia la Luna rossa in un quadro di rara bellezza.

Mentre il tempo scorre, la Luna s'inoltra all'interno dell'ombra terrestre,

Figura 2.7. L'eclisse totale di Luna del 15 giugno 2011 ebbe per sfondo la fascia della Via Lattea, in direzione della costellazione del Sagittario. In questa ripresa a grande campo, la Luna eclissata si staglia contro un cielo ricchissimo di stelle. All'orizzonte si vede l'inquinamento luminoso provocato delle luci urbane. (Marco Bastoni)

divenendo sempre più scura e perdendo buona parte delle tonalità gialle più intense. Al binocolo i dettagli della superficie si percepiscono solo nelle zone ancora colorate di rosso e arancione, mentre dove dimora la nera oscurità si possono intravedere solo lievi accenni di crateri e montagne; l'ombra scorre lenta e la sua forma si modifica nel tempo, scurendo zone che prima erano più luminose e alterando il colore arancione in tinte più cupe.

Superato l'istante della centralità dell'eclisse, quando si ha il massimo avvicinamento al centro dell'ombra, nei minuti successivi il colore della Luna continua lentamente a cambiare, spostando la zona oscura; è in questi momenti che la Luna potrebbe perdere del tutto la colorazione arancione e risplendere solo di un rosso cupo, oppure il lato del satellite che si sta progressivamente avvicinando al limite dell'ombra potrebbe iniziare a colorarsi di un viola brillante, misto a delicate tracce di azzurro o, ancora, questa insolita colorazione azzurra potrebbe presentarsi appena la totalità ha inizio. Tutto ciò dipende dall'atmosfera terrestre e dalla trasparenza degli strati d'aria che la luce solare deve attraversare prima di raggiungere la Luna; l'eclisse del 3 marzo 2007 apparve proprio in questo modo, con il bordo vicino al margine dell'ombra che diventò subito azzurro, poi viola cupo per sfumare, in pochi minuti, in un acceso arancione. È impossibile conoscere a priori la colorazione che assumerà la Luna in eclisse, e questo è il motivo che rende ogni volta unici e spettacolari questi eventi.

Terminata la totalità, nell'istante U3, uno spicchio di Luna si affaccia alla penombra, illuminandosi fortemente e creando un bel contrasto con il resto del disco ancora rosso; qui le tonalità virano nuovamente verso il giallo oro, mentre il rosso cupo tende a schiarirsi e la falce di Luna riceve sempre più i raggi del Sole, illuminandosi a giorno. A poco a poco le ombre di oggetti e persone riappaiono sul terreno, dapprima fioche, poi sempre più incise mano a mano che l'eclisse parziale in uscita procede; anche le stelle nel cielo, soprattutto quelle vicine al disco lunare, si affievoliscono fino a scomparire, affogate dalla fulgida luce della Luna. Il rosso della superficie scurisce sempre più fino a tornare grigio cupo, lasciando ancora immaginare che una porzione di Luna stia scomparendo dal cielo.

Trascorre un'altra ora e la Luna si libera completamente della tenebrosa ombra terrestre (contatto U4), tornando a risplendere come sempre, resa solo leggermente più fioca dalla presenza della penombra. Lo spettacolo, ora, è davvero finito. La permanenza della Luna nella penombra, e la successiva uscita da questa, sono quasi impercettibili per gli osservatori; solo chi fotografa può ancora rimanere concentrato e attendere l'istante P4, che segna l'uscita completa della Luna dalla penombra e la conclusione definitiva dell'evento.

Scenari diversi si prospettano a seconda dell'altezza che la Luna ha in cielo

Il 15 marzo 2006 si verificò un'eclisse di Luna in cui il satellite passò nella sola penombra. Dall'immagine, che mostra la sequenza dell'evento, si vede chiaramente come l'oscuramento del satellite sia davvero minimo, praticamente inosservabile a occhio nudo. (cortesia di Antonio Finazzi)

durante l'evento: se l'eclisse si svolge con il satellite alto sull'orizzonte, allora i suoi colori appariranno intensi e nitidi; se invece è molto bassa, le tinte potrebbero risultare più spente e cupe, a causa dell'assorbimento atmosferico. È questo il caso che si verifica quando l'eclisse si fa totale con la Luna prossima al tramonto, oppure appena sorta: il quadro formato dal satellite eclissato che si "appoggia" sulle montagne e sulle città all'orizzonte crea suggestivi e indimenticabili panorami. Quindi, vale sempre la pena di seguire ogni evento, anche quando non favorisce il territorio da cui osserviamo, regalandoci solo una Luna bassa sull'orizzonte.

L'osservazione dell'eclisse di Luna è particolarmente agevole e si può compiere anche dalle città, dove purtroppo l'inquinamento luminoso cancella tutte le stelle dal cielo. Osservare appena fuori dai centri abitati favorirà comunque la visione anche delle tonalità più tenui. Chi ha la possibilità di spostarsi in montagna, sotto cieli limpidi e lontano dalle luci artificiali, potrà assaporare la rara bellezza e la suggestione del cielo notturno, osservando la Luna spegnersi a poco a poco su uno sfondo di stelle scintillanti; e mentre si vive la lenta magia dell'eclisse totale sotto quei cieli (quasi) incontaminati, possiamo mettere in pausa la frenesia della vita quotidiana: ci sembrerà così di essere a più stretto contatto con la Natura.

2.4 Fotografare l'eclisse di Luna

Fotografare l'eclisse di Luna è un'attività di gran lunga più semplice rispetto alla ripresa dell'eclisse di Sole; qui, infatti, tutti i fenomeni si svolgono più lentamente e lasciano tempo sufficiente per intervenire su eventuali imprevisti o foto mal riuscite. In più, considerando che il fenomeno non è così estremo come la totalità di un'eclisse di Sole, le fotocamere potranno essere utilizzate anche in modalità automatica, con risultati più che soddisfacenti, anche se l'impostazione manuale è chiaramente da preferire poiché lascia al fotografo un miglior controllo sull'immagine finale.

Grazie alla fotografia digitale, e alla successiva fase di elaborazione *software*, i dettagli e le sfumature di colore che si possono estrarre dalla ripresa dell'eclisse di Luna sono notevoli e regaleranno un'immagine che molto si avvicina a ciò che l'occhio percepisce durante l'osservazione diretta.

L'eclisse di Luna è un'ottima occasione anche per eseguire fotografie panoramiche, inserendo la Luna parzialmente o totalmente eclissata all'interno di elementi paesaggistici; chiese e campanili, alberi, montagne all'orizzonte, pianure e colline con le luci di piccoli paesi sono esempi di elementi paesaggistici che possono entrare a far parte dell'inquadratura. Il solo limite è la fantasia del fotografo.

Fotografare l'eclisse con una fotocamera digitale

La fotocamera digitale, piccola *digicam* o sofisticata *reflex* che sia, se utilizzata correttamente ci permetterà di portare a casa magnifici scatti della Luna rossa. Valgono qui buona parte degli accorgimenti già suggeriti in precedenza.

Fotocamera su cavalletto. Lo scatto a mano libera è impossibile anche per questo tipo di soggetto. Il più delle volte l'esposizione della totalità dura da 0,5 secondi in su; pertanto, un leggero tremolio della mano (o un semplice respiro) comprometterebbero l'immagine. La fotocamera va saldamente installata sul cavalletto, piccolo e compatto per le *digicam*, solido e robusto per le *reflex*, soprattutto se si utilizzano ottiche *zoom* a lunga focale.

Batterie e *flash*. La batteria dev'essere ben carica. È facile infatti che si esaurisca se si utilizza frequentemente il *display* della fotocamera per tutta la durata del fenomeno; non dimentichiamo che l'eclisse può durare ben cinque ore e che la fotocamera deve svolgere il suo dovere per tutto questo tempo. Mentre durante la stagione temperata una batteria tradizionale, se utilizzata con parsimonia e per il tempo strettamente necessario, riesce con ogni probabilità a coprire le cinque ore dell'eclisse, d'inverno questo non è possibile: in poche ore il freddo della notte avrà prosciugato completamente la batteria. Avere, dunque, a portata di mano una o due batterie di riserva è d'obbligo. Queste vanno conservate in un luogo caldo fintantoché non verranno inserite nella fotocamera, ad esempio le si tiene in tasca; se le abbandonassimo al freddo dell'ambiente esterno, o nell'auto, anche queste si troveranno prossime all'esaurimento al momento del bisogno.

Anche in questo caso, il *flash* va disattivato, essendo del tutto inutile.

Scheda di memoria, torcia e scatto flessibile. Come si è già detto per l'eclisse di Sole, la scheda di memoria dev'essere di buona capacità e dedicata al fenomeno (valutare la necessità di una scheda di riserva), la torcia frontale eviterà che vi troviate a lavorare al buio e lo scatto flessibile eliminerà le vibrazioni, garantendo foto nitide soprattutto con obiettivi a lunga focale, o telescopi.

Come organizzarsi, quindi, per fotografare l'eclisse di Luna? Queste le operazioni da compiere.

● Il luogo di osservazione dev'essere scelto con cura con diversi giorni di anticipo, soprattutto se si desidera inserire la Luna in un contesto urbano o paesaggistico.

● Il giorno dell'evento, bisogna arrivare sul luogo con mezz'ora di anticipo all'ingresso in penombra e preparare tutta la strumentazione; fissare la fotocamera sul cavalletto; se si utilizzano obiettivi a corta focale e si intendono riprendere foto panoramiche dell'evento, si può arrivare sul posto anche a eclisse di penombra già iniziata.

● Installare lo scatto flessibile o impostare l'autoscatto; inquadrare la Luna con lo *zoom* desiderato, lasciare la fotocamera in modalità automatica e provare a scattare. Valutare se lo scatto è accettabile, altrimenti passare in modalità manuale o intervenire sulla sensibilità ISO e sulla compensazione dell'esposizione (consultare il manuale della propria fotocamera).

● Inserire la Luna eclissata, se possibile, in elementi del paesaggio come edifici, alberi o strutture particolari. Per questo genere di ripresa, normalmente, i tempi di esposizione vanno allungati manualmente e variano in base al diaframma utilizzato. Effettuare con calma alcune prove per trovare i tempi di esposizione corretti: l'eclisse di Luna concede al fotografo tutto il tempo necessario per provare e riprovare.

Fotografare l'eclisse al telescopio

Un telescopio, o un obiettivo fotografico di lunga focale, regalerà immagini mozzafiato della Luna in eclisse, sacrificando però gli elementi del paesaggio circostante. Chi volesse tentare di accostare il disco lunare ingrandito dal telescopio a qualche dettaglio architettonico può utilizzare una tecnica che, però, richiede una pianificazione particolare e meticolosa.

Inizialmente si deve valutare in che porzione di cielo la Luna sarà in fase totale (o comunque nella fase che intendiamo riprendere); a tal proposito *Stella-*

rium (**http://www.stellarium.org/it/**), un *software* gratuito di simulazione del cielo, potrebbe fare al caso nostro. Dopo averlo scaricato e installato sul computer, dobbiamo istruirlo circa la nostra posizione osservativa (scegliendo una città o inserendo le coordinate), impostando la data e l'ora dell'evento. Il programma mostrerà il cielo stellato e la Luna eclissata: cliccando su questa si visualizzeranno le informazioni relative alla sua posizione in cielo e all'altezza sull'orizzonte; i dati importanti da considerare sono il valore dell'azimut a cui la Luna si trova, la sua altezza e l'orario in cui il satellite si troverà in quella precisa posizione.

Ora viene la parte più complessa, ovvero cercare un elemento architettonico idoneo che dovrà essere sufficientemente piccolo da risultare interamente, o quasi, visibile al telescopio. Se il *software* di simulazione informa che la Luna sarà alta nel cielo, dovremo ricercare un elemento slanciato verso l'alto, come la punta di un campanile, il particolare di una statua o il capitello di una colonna; se invece la Luna sarà bassa dovremo trovare un soggetto interessante nei pressi dell'orizzonte (ad esempio un castello, un ponte, una formazione rocciosa particolare...), magari salendo su una collina così da non avere ostacoli lungo la linea di vista.

La ricerca va compiuta diversi giorni prima dell'evento poiché richiede un certo tempo. Una volta individuato il soggetto di interesse, si deve stabilire il punto preciso, nei pressi di questo, in cui andrà montato il telescopio: l'ottica dovrà sicuramente inquadrare il soggetto ma è necessario essere assolutamente certi che la Luna passerà dietro questo (o nelle sue immediate vicinanze). Una bussola aiuterà a identificare precisamente l'azimut e un sopralluogo alcuni giorni prima dell'eclisse è fondamentale, per non tralasciare alcun particolare.

Questo genere di ripresa richiede un po' di allenamento, pertanto si può fare esercizio anche diversi mesi prima utilizzando la Luna in una qualsiasi delle sue fasi e seguendo la stessa procedura, così da esser sicuri di centrare l'obbiettivo.

Se l'eclisse fosse totale al momento del sorgere della Luna sarà facile trovare un elemento architettonico o naturalistico appoggiato all'orizzonte da riprendere con la Luna rossa che si leva.

Ma il telescopio offre il meglio di sé se l'evento si sviluppa alto nel cielo, dove l'aria è più trasparente. Come per l'eclisse di Sole, anche in questo caso si deve fotografare un oggetto che si sposta sulla volta celeste, pertanto è necessario l'uso di una montatura o di un astro-inseguitore; come visto in precedenza, oltre i 300 mm di focale il soggetto potrebbe risultare mosso a causa della rotazione terrestre, soprattutto se si utilizzano tempi di esposizione lunghi. Il telescopio va installato su una montatura equatoriale e questa deve essere stazionata correttamente (allineamento polare). La procedura fa sì che la montatura ruoti nella stessa direzione del cielo e alla stessa velocità, di fatto inseguendo gli oggetti sulla volta celeste e impedendo che la foto risulti mossa.

Ancora una volta vediamo le operazioni da svolgere quando si opera al telescopio.

● Arrivare sul luogo di osservazione almeno un'ora prima dell'immersione della Luna nella penombra e preparare accuratamente la strumentazione; allineare precisamente la montatura al Polo.

● Inquadrare la Luna e mettere a fuoco accuratamente; verificare la fotocamera, formattare la scheda di memoria e scattare una foto di prova (sempre con lo scatto flessibile); valutare se questa è accettabile e, in caso contrario, intervenire sull'esposizione o sulla sensibilità ISO.

● Tenere a portata di mano la tabella con i tempi dell'eclisse già convertiti in ora locale; quando inizia la fase di penombra, si inizia a scattare le foto a intervalli di 5 minuti; controllare se possibile ogni foto sul *display* della fotocamera (meglio ancora se si ha la possibilità di utilizzare un computer portatile) per verificare se l'esposizione è corretta.

● Incrementare il tempo di esposizione quanto più l'eclisse progredisce; ridurlo progressivamente dopo il massimo.

Fotografare l'eclisse di Luna significa spaziare da tempi cortissimi per la fase di penombra fino a tempi lunghi nella fase parziale e durante la totalità. Utilizzando un diaframma chiuso a f/8 e una sensibilità di 100 ISO, tempi dell'ordine di 1/1000s o 1/800s possono andare bene sia per la fase centrale di penombra sia per i primi minuti della parzialità in ombra; da questo momento in poi i tempi vanno progressivamente allungati: a metà della parzialità d'ombra si arriva a utilizzare tempi dell'ordine di 1/400s fino a 1/125s.

Per la totalità, a seconda di quanto questa si presenta scura, i tempi si allungano fino a circa 4s; se però il telescopio è installato su un cavalletto fotografico, e non su una montatura motorizzata, assicurarsi che questo tempo di esposizione non generi un micro mosso nell'immagine; se ciò si verifica, si interviene alzando la sensibilità ISO, così da permettere esposizioni più brevi.

Di nuovo, è importante sottolineare che questi sono tempi puramente indicativi: le eclissi di Luna si presentano con una luminosità sempre diversa a causa dei fattori atmosferici e della geometria dell'eclisse. I tempi vanno aggiustati in base ai primi scatti che si effettuano il giorno dell'evento: l'eclisse di Luna ci lascia tutto il tempo per fare le cose con calma.

Terminata l'acquisizione delle immagini, queste possono essere elaborate attraverso *software* di fotoritocco così da migliorare la visibilità dei dettagli; normalmente, l'elaborazione dell'eclisse di Luna richiede solo qualche leggero passaggio di filtri di contrasto, ma l'avvento del digitale ha aperto le porte a una tecnica che si rivela formidabile nel restituire immagini molto vicine alla percezione dell'occhio.

Figura 2.9. Utilizzando la tecnica di elaborazione chiamata HDR (High Dynamic Range), è possibile ottenere un'unica immagine che mostra i dettagli lunari sia della porzione eclissata sia di quella ancora illuminata dal Sole. Il risultato che si ottiene si avvicina fortemente a ciò che l'occhio umano riesce a vedere. (cortesia di Antonio Finazzi)

Si noterà, infatti, che mentre si scattano le foto alla parzialità, se si intendono registrare i dettagli nella zona oscurata, la parte illuminata risulterà sovraesposta. Ciò è causato dalla scarsa latitudine di posa del sensore digitale, limite che già si era incontrato durante la fotografia della corona solare. Utilizzando la tecnica dell'HDR (acronimo di *High Dynamic Range*) è possibile fondere, in una sola immagine, sia i dettagli in ombra sia quelli della parte illuminata, comprese le stelle di sfondo, superando così il limite tecnologico del sensore e ricreando una scena molto simile a ciò che l'occhio riesce a cogliere.

Figura 2.10. Accostando fra loro varie immagini delle fasi parziale e totale è possibile evidenziare il grande disco dell'ombra terrestre, all'interno del quale la Luna pian piano s'immerge. La sovrapposizione di 5 riprese sullo stesso fotogramma, con tempi di posa di 1/400s, 1/125s e 16s a 200 ISO, con un obiettivo di 700 mm f/8,4, è opera di Antonio Finazzi. Eclisse totale di Luna del 3 marzo 2007.

Per mettere a frutto questa tecnica, che è valida allo stesso modo per le tradizionali foto terrestri, si deve disporre di almeno tre immagini (meglio cinque o sette, così da restituire transizioni di colore più morbide fra le zone illuminate e le zone in ombra) prese in rapida sequenza e con tempi di esposizione differenti: la prima foto dovrà essere correttamente esposta per la zona illuminata (e quindi la zona in ombra apparirà scurissima), la seconda avrà un tempo di scatto leggermente più lungo così da riprendere qualche dettaglio in più nella zona in ombra, mentre la terza vedrà la zona in ombra correttamente esposta (mentre la parte illuminata sarà sovraesposta). Ottenuta la sequenza di tre o più immagini, il gruppo di foto viene processato con *software* appositi, oppure si può utilizzare la funzione dedicata alla composizione HDR già presente in *Photoshop*.

Regolando finemente fra loro le mescolanze dei vari scatti, si ottiene una foto che presenta la Luna correttamente esposta in tutte le zone, sia quelle fortemente illuminate sia quelle in ombra, mostrando un'ampia gamma di colori e dettagli.

Il risultato della fotografia HDR è stupefacente; padroneggiare questa tecnica richiede un minimo di esercizio ed esperienza, soprattutto per destreggiarsi fra le varie opzioni che il *software* mette a disposizione. Una buona palestra è l'utilizzo dell'HDR per riprendere soggetti terrestri con forti contrasti, come ad esempio le nuvole, i tramonti e le scene paesaggistiche in parte soleggiate e in parte in ombra.

Come per l'eclisse di Sole, anche in questo caso si possono accostare fra loro vari scatti della parzialità in ingresso, per mostrare l'avanzamento in sequenza dell'eclisse; è bene inserire nella sequenza due o tre immagini della totalità, in quanto, come si è visto, la colorazione della Luna può cambiare durante il transito nell'ombra. La sequenza si chiude con l'inserimento delle fasi parziali in uscita.

L'ultima tecnica che considereremo regalerà al fotografo la particolare visione dell'ampio cerchio d'ombra che la Terra si lascia alle spalle: anche in questo caso è necessario utilizzare un *software* di fotoritocco per accostare fra loro le varie immagini.

Il primo passaggio è estrarre il disco della Luna dal nero fondo del cielo (facendo attenzione a non tagliare le montagne che si stagliano sul profilo. Ricordiamo che la Luna non è liscia!); ripetendo questa operazione su una serie di immagini, dalla parzialità in ingresso alla parzialità in uscita e accostandole fra loro, si possono far combaciare i margini dell'ombra nera che avanza sulla Luna, seguendo la curvatura dell'ombra stessa. Utilizzando anche solo cinque immagini (Fig. 2.10) la composizione finale mostrerà una perfetta (e reale!) ricostruzione del grande cerchio d'ombra terrestre, in cui il satellite argentato lentamente s'immerge.

3 Come avvengono le eclissi

Dopo aver esplorato gli scenari che si incontrano quando si assiste a un'eclisse di Sole o di Luna, è giunto il momento di capire quando e perché questi fenomeni si verificano, regalando suggestive emozioni agli spettatori terrestri. Qual è la causa di un'eclisse? E perché questi eventi si ripetono periodicamente?

Per prima cosa conviene introdurre i tre protagonisti del gioco, descrivendo i loro moti nello spazio e le loro caratteristiche principali; vedremo poi in che modo i loro movimenti si combinino per dar vita al magico fenomeno.

3.1 Anatomia del Sole

Il Sole è una piccola stella di colore giallo che risplende nella prima periferia della nostra galassia, la Via Lattea, una grande isola cosmica composta da circa 400 miliardi di astri. Nella popolazione galattica esistono stelle molto più grandi e luminose della nostra, come la gigantesca Betelgeuse, ma anche stelle minuscole con dimensioni paragonabili a quelle della Terra (le nane bianche, come la piccola Sirio B). Il Sole è una stella di medie dimensioni, non una gigante, ma neppure una nanerottola.

In ogni epoca, l'uomo si è domandato cosa fosse il Sole, da quanto tempo risplenda in cielo e quale sia il "carburante" che lo alimenta. Fin dai tempi più antichi, il pensiero filosofico ha cercato risposte a questi interrogativi: già Anassagora, filosofo greco vissuto attorno alla metà del V sec. a.C., si discostava dal parere comune che elevava la stella a un essere divino e invece la immaginava come un'enorme e lontanissima sfera di metallo, talmente grande che il dio Elios non avrebbe in alcun modo potuto trainarla con il suo carro attraverso i cieli.

Le speculazioni teoriche, alcune decisamente bizzarre, sono proseguite fino in epoca moderna. Lord Kelvin, fisico e ingegnere britannico, ideatore della scala di temperature assolute che porta il suo nome, alla fine del XIX secolo s'interessò alla questione del funzionamento della "macchina" solare e avanzò l'idea che l'astro fosse intrinsecamente caldo e rilasciasse gradualmente nello spazio il suo calore, raffreddandosi lentamente: il calore poteva essere stato accumulato all'epoca della sua formazione, che tuttavia non poteva, secondo i suoi calcoli, essere più antica di qualche decina di milioni di anni.

In seguito, grazie alle indagini spettroscopiche iniziate con Joseph von Fraunhofer nel 1814, la densa nebbia di mistero che ancora aleggiava sulla questione solare iniziò gradualmente a dissiparsi; si era visto che scomponendo la luce tramite un prisma si crea un arcobaleno di colori solcato da

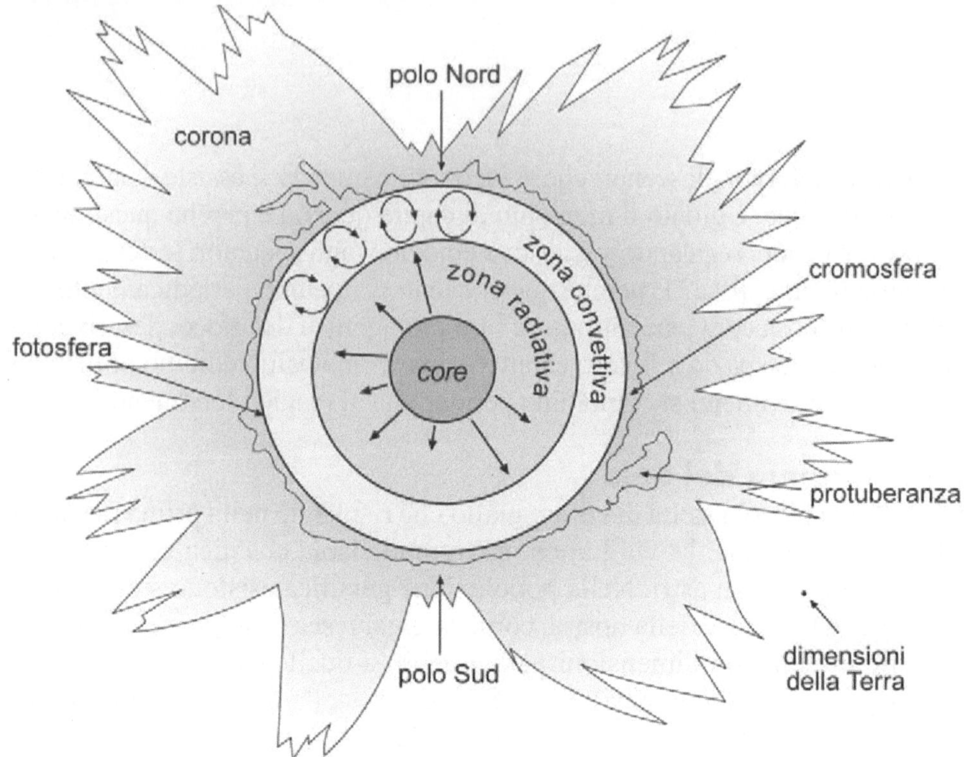

Figura 3.1. La struttura interna del Sole. L'energia viene prodotta nel nocciolo (*core*); nella zona radiativa si propaga verso l'esterno irradiando fotoni; in quella convettiva, spingendo masse calde di gas verso l'alto. Il Sole è avvolto da un sottile strato di colore rosso acceso (la cromosfera), dalla quale s'innalzano le protuberanze, e da un'estesa atmosfera (la corona). In basso a destra, vengono confrontate le dimensioni del Sole con quelle della Terra.

righe scure che rappresentano la carta d'identità dei materiali costituenti il Sole: le osservazioni indicavano che esso era composto da gas caldissimi. Rimaneva, comunque, ancora sconosciuto il meccanismo che permetteva alla stella di emanare nello spazio luce e calore e si dovette attendere un decisivo progresso della scienza per dare una risposta a questo e a tanti altri interrogativi, grazie all'indagine del mondo atomico e allo sviluppo delle prime teorie di fisica nucleare.

Ernest Rutherford, padre della fisica nucleare, suggerì nel 1904 che il Sole traesse energia da qualche genere di decadimento radioattivo che aveva luogo nelle sue profonde regioni centrali, ma fu la celebre equazione $E=mc^2$ di Albert Einstein (1905) a dare l'impulso definitivo verso la comprensione del problema, ad opera del fisico inglese Sir Arthur Eddington. Verso il 1920, egli teorizzò che nel centro del Sole dovevano trovarsi temperature e pressioni elevatissime, tali da permettere reazioni di fusione nucleare fra gli atomi di idrogeno: queste producevano una grande quantità di luce e calore lasciando, come residuo del processo, un atomo di elio. Successivamente, il fisico Hans Bethe, negli anni Trenta del secolo scorso, comprese quali fossero le reazioni nucleari che mantengono in vita il Sole e le altre stelle per miliardi di anni, chiamate *catena protone-protone* e *ciclo del carbonio-azoto*, calcolando per ciascuna di esse la quantità di energia prodotta; da qui furono elaborati i modelli che ancora utilizziamo (oggi corretti e raffinati) per spiegare il funzionamento del Sole e delle stelle in generale.

Se potessimo dividere il Sole a metà come facciamo con una mela e vedere com'è fatto all'interno, troveremmo una struttura simile allo schema ripor-

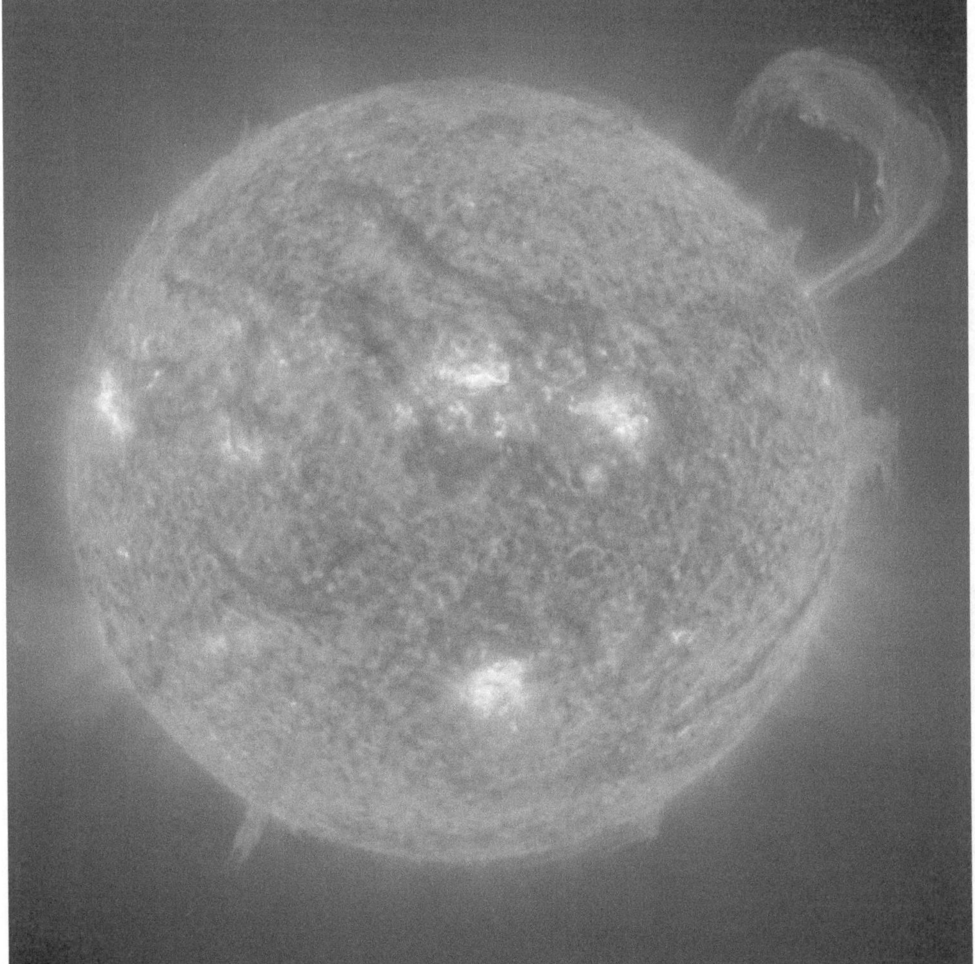

Figura 3.2. La turbolenta superficie del Sole, dove si manifestano i fenomeni eruttivi. Le zone più chiare sono sede di violente esplosioni; sulla destra, un'enorme protuberanza ad arco s'innalza verso la corona. Ripresa del satellite SOHO del 14 settembre 1999. (SOHO/EIT, ESA e NASA)

tato in Fig. 3.1: una serie di gusci concentrici si susseguono partendo dalla superficie fino ad arrivare al centro, il luogo dove tutta l'energia viene prodotta. Il *core* (o *nocciolo*) è la zona più interna, dove l'idrogeno si trova compresso dall'enorme pressione esercitata dagli strati sovrastanti. La densità in questa regione è pari a 150 g/cm³, la pressione si attesta attorno a 500 miliardi di atmosfere e la temperatura tocca i 15 milioni di gradi: in queste con-

Figura 3.3. Fenomeni eruttivi cromosferici: grandi strutture ad arco si sollevano in quota e poi ricadono verso la fotosfera. (NASA/SDO; team AIA, EVE e HMI)

dizioni estreme, l'idrogeno va soggetto a fusione nucleare, producendo energia. La luce che scaturisce dalla reazione, sotto forma di fotoni X e gamma, si trasferisce faticosamente all'esterno del *core* e attraversa la *zona radiativa*, il vasto guscio sovrastante che si estende per gran parte del diametro solare. Anche qui la densità di gas rimane molto elevata e il fotone quasi non riesce a farsi strada nel plasma che affolla questa zona: gli urti con gli elettroni si susseguono in continuazione e il fotone viene deviato nella sua traiettoria perdendo sempre un po' della sua energia. La carambola si ripropone senza sosta e il fotone gamma impiega decine di migliaia di anni per avanzare attraverso questa regione. Quando finalmente sarà emerso nel guscio sovrastante, la *zona convettiva*, il fotone avrà subito così tanti urti e avrà perso così tanta energia che da raggio gamma si trasformerà in un più tranquillo fotone ultravioletto. Infine, solo nella *fotosfera*, quella che potremmo impropriamente definire la "superficie" del Sole, si degraderà a fotone della banda visuale, pronto per essere lanciato nello spazio, arrivare sulla Terra, illuminare il cielo e riscaldare il pianeta. Così, la luce che oggi riceviamo dal Sole, in realtà è stata prodotta nel suo *core* qualche decina di migliaia di anni fa.

Nella zona convettiva, la materia solare si comporta come l'acqua che bolle in una pentola sul fuoco: il liquido caldo sale verso l'alto, raffreddandosi, per poi ridiscendere verso il basso e riscaldarsi nuovamente; questi saliscendi di materia irrompono in fotosfera, formando grandi bolle in continua evoluzione, e generano il fenomeno della *granulazione*, che è ben visibile al telescopio. La fotosfera, con una temperatura di 5800 K, è un sottile strato di appena 300 km di spessore che presenta strutture in costante mutamento a causa del continuo ribollio sottostante. Talvolta le grandi celle convettive della granulazione si raffreddano più del normale e creano ampie regioni di colore più scuro, chiamate *macchie solari*; poiché il moto convettivo sottostante può essere bloccato dal campo magnetico del Sole, impedendo così al materiale caldo proveniente dal centro di salire in superficie, la temperatura di queste regioni scende a circa 5000 K: il conseguente minor irraggiamento le fa apparire molto scure – quasi nere – per contrasto con le brillanti regioni circostanti. Essendo fenomeni fotosferici, le macchie partecipano alle dinamiche che caratterizzano questa regione e vengono trascinate dalla rotazione del Sole, come si può ben verificare al telescopio.

Al di sopra della fotosfera, si entra nella *cromosfera*, il primo tenue strato della rarefatta atmosfera solare, che si mostra come una vasta distesa infuocata dal brillante colore rosso rubino, attraversata da esplosioni e zampilli di materiale.

Qui, come alte colonne di fuoco, s'innalzano eruzioni di plasma di varie forme e dimensioni, chiamate *protuberanze* (Fig. 3.2 e 3.3), che raggiungono decine di migliaia di chilometri in altezza e rimangono sospese anche per alcuni giorni, grazie all'azione del campo magnetico e alla pressione del

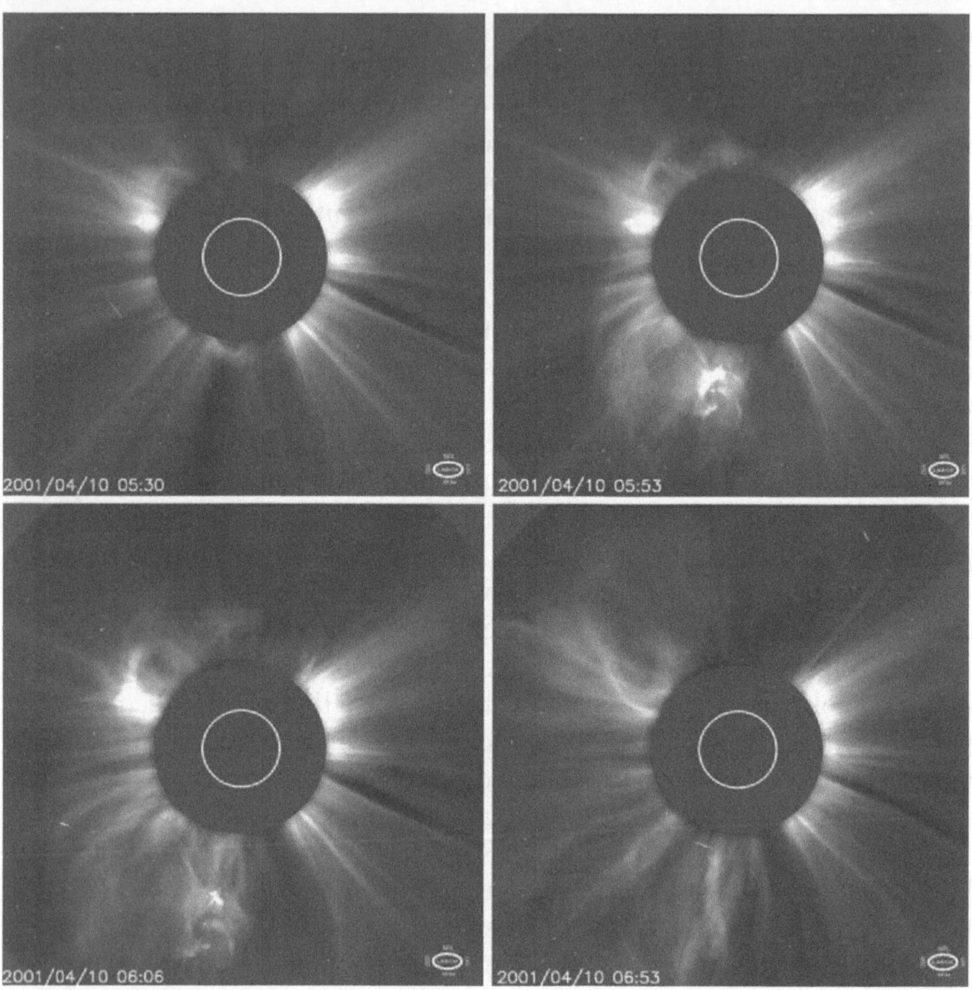

Figura 3.4. Ripresa del satellite SOHO di un evento esplosivo nella corona solare, occorso il 10 aprile 2001. La posizione e le dimensioni del Sole, nascosto dal disco occultatore dello strumento usato per la ripresa, sono indicate dal cerchio bianco. (SOHO/LASCO3, ESA e NASA)

vento solare; le protuberanze mostrano la loro struttura filamentosa solo attraverso un telescopio dotato di filtri particolari, oppure si possono percepire distintamente a occhio nudo durante la fase totale dell'eclisse di Sole, come lingue di fuoco rossastre che spuntano dietro il bordo nero della Luna.

Lo strato più esterno dell'atmosfera del Sole, il più esteso, è la *corona*. È una struttura in parte ancora poco conosciuta, che si spinge nello spazio per diversi raggi solari (Fig. 3.4); a causa della sua debole luminosità superficiale, è visibile unicamente durante la fase totale dell'eclisse di Sole, quando la luce solare, altrimenti soverchiante, viene intercettata dal disco della Luna, oppure impiegando un particolare strumento chiamato *coronografo*.

Figura 3.5. La corona solare durante l'eclisse totale del 29 marzo 2006: sono ben visibili i pennacchi a elmetto della corona. In prossimità delle regioni polari, il campo magnetico solare incurva le finissime strutture coronali. (Marco Bastoni)

La corona avvolge completamente la stella e ha una forma generalmente irregolare, che si modifica di pari passo con l'attività del Sole: ogni 11 anni l'astro attraversa una fase ora di minima, ora di massima attività magnetica, e la corona risponde a queste variazioni, mostrandosi uniformemente distribuita quando la fase è prossima al massimo e concentrandosi prevalentemente attorno all'equatore quando l'attività della stella si riduce al minimo. Nella corona si osservano larghe strutture che si protendono nello spazio sempre più affusolate fino ad assumere, nelle parti più distanti, un aspetto quasi filiforme: tali strutture, spettacolari all'osservazione diretta e in fotografia, prendono il nome di *pennacchi a elmetto* e sono ben visibili nella Fig. 3.5.

Il loro numero varia, così come la forma, in dipendenza dell'attività del momento, nonché dell'orientamento nello spazio dell'asse magnetico solare. La caratteristica più curiosa dei pennacchi, ma più in generale della corona, è la temperatura, che risulta essere di gran lunga più elevata di quella fotosferica, toccando il milione di gradi. Il riscaldamento della corona è probabilmente da attribuire alle correnti elettriche indotte dal campo magnetico che agitano gli atomi di questa regione.

3.2 Il sistema Terra-Luna

La Terra è un piccolo pianeta roccioso, il terzo del Sistema Solare in ordine di distanza dal Sole e ha un diametro di soli 12.745 km, davvero piccolo se confrontato con quello dei giganti del Sistema Solare. Nel suo viaggio attorno al Sole è accompagnato da un satellite, la Luna.

La Terra ruota su se stessa in direzione ovest-est, girando attorno a un asse passante per i poli, in 23h 56m 4,09s (*giorno siderale*): questo movimento causa l'alternanza fra il dì e la notte di cui facciamo quotidiana esperienza. Il moto di *rivoluzione*, invece, è più difficile da cogliere. Infatti, mentre ruota su se stesso, il pianeta descrive una traiettoria di forma ellittica attorno al Sole, percorsa alla velocità media di circa 30 km/s in 365,2564 giorni (365g 6h 9m 10s), ovvero un *anno siderale* (Fig. 3.6).

L'anno siderale è il tempo impiegato dal Sole a ritornare nella stessa posizione rispetto alle stelle di sfondo, considerate fisse; il periodo per il ritorno della nostra stella nello stesso punto sull'eclittica è invece l'*anno tropico*, che, per effetto di un lentissimo moto conico dell'asse terrestre, è un po' più corto dell'anno siderale e misura 365,2422 giorni (365g 5h 48m 46s).

Come abbiamo detto in precedenza, l'orbita terrestre ha la forma di un'ellisse poco schiacciata per cui, durante la rivoluzione attorno al Sole, il nostro pianeta passa per due punti dell'orbita che lo portano alla minima e alla massima distanza dalla stella.

Mediamente, la Terra dista dal Sole circa 150 milioni di chilometri e l'astro, visto da questa distanza, appare in cielo come un disco luminoso ampio circa 32' (*diametro apparente*); nel mese di luglio, quando la Terra transita nel punto dell'orbita più lontano dalla stella (*afelio*), la distanza dal Sole aumenta a circa 152 milioni di chilometri, pertanto il disco solare appare leggermente più piccolo della media e misura 31' 33". Sei mesi più tardi, in gennaio, la Terra ha percorso metà orbita e passa per il *perielio*, ovvero il punto dell'orbita più vicino al Sole, riducendo la distanza a circa 147 milioni di chilometri: di conseguenza, il diametro apparente del disco solare cresce leggermente, arrivando a misurare 32' 35" (Fig. 3.6).

Quali sono le dimensioni apparenti della Luna? Il nostro satellite ha un

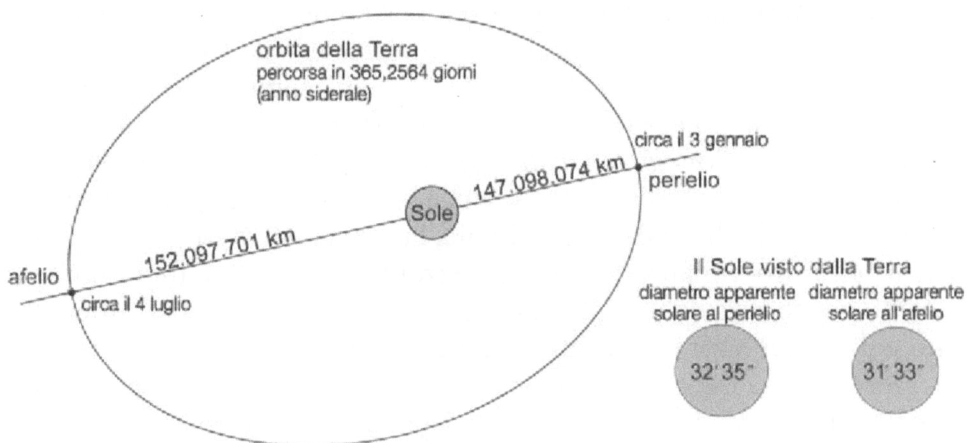

Figura 3.6. L'orbita ellittica della Terra (forma e distanze non sono in scala). Quando il pianeta si trova all'afelio, il diametro apparente del Sole risulta più piccolo poiché viene osservato da una distanza maggiore; quando la Terra si trova al perielio, il disco solare apparirà leggermente più grande.

diametro di soli 3476 km, si trova a una distanza media dal pianeta di circa 384.400 km e percorre l'orbita in un *mese siderale*, ovvero in 27,3216 giorni (27g 7h 43m 11,5s). Essendo anche quest'orbita di forma ellittica, si avrà un punto di massima vicinanza alla Terra (*perigeo*) e un punto di massima lontananza (*apogeo*); pertanto, se osserviamo il disco lunare quando il satellite è al perigeo, lo misureremo un po' più grande di quando compiamo l'osservazione con la Luna all'apogeo.

La Luna al perigeo sottende un angolo di 33' 30", mentre quando è all'apogeo il diametro apparente scende a 29' 22". Il caso vuole che i diametri apparenti di Luna e Sole risultino quasi identici: in media, il disco lunare è solo un po' più piccolo di quello solare, favorendo così la formazione delle eclissi anulari rispetto a quelle totali. Il Sole, pur essendo 400 volte più grande della Luna, è anche 400 volte più lontano dalla Terra, così il rapporto diametro/distanza è praticamente lo stesso.

Le eclissi totali di Sole, generate da questa fortunata coincidenza, in un lontanissimo futuro saranno destinate a scomparire a causa del progressivo allontanamento della Luna dalla Terra: il satellite, infatti, retrocede di circa 4 cm ogni anno e, fra poco meno di 600 milioni di anni, il suo diametro apparente non sarà più in grado di coprire completamente la nostra stella; da questo punto di vista, viviamo in un'epoca privilegiata.

Uno dei fenomeni più evidenti che il nostro satellite mostra in cielo è il cambiamento del suo aspetto con il trascorrere dei giorni. Durante la rivoluzione attorno al pianeta, infatti, la Luna riceve dal Sole un'illuminazione sotto un'angolazione sempre differente, mostrando ora più ora meno superficie illuminata e originando così le *fasi lunari* (Fig. 3.7).

Il mese scandito dalle fasi è il *mese sinodico,* più comunemente chiamato *lunazione* e ha inizio al giorno 0, con la Luna interposta fra la Terra e il Sole (fase di *Luna Nuova,* o *Novilunio*): rivolgendo al pianeta il solo emisfero non illuminato, il disco lunare non è osservabile e in più, trovandosi in cielo vicino alla linea di vista del Sole, la Luna Nuova sorge e tramonta insieme all'astro, rimanendo sopra l'orizzonte solo durante il giorno.

Con il trascorrere del tempo, la Luna si sposta lungo l'orbita e l'angolo sotto cui l'osservatore terrestre vede l'emisfero illuminato si fa via via maggiore; la fase evolve così in una piccola falce di Luna crescente, che dopo 7 giorni arriva al *Primo Quarto,* quando la Luna si mostra illuminata per metà.

Al quindicesimo giorno, passando attraverso la fase gibbosa crescente, la Luna si posiziona dietro alla Terra e la sua illuminazione risulta completa (fase di *Luna Piena,* o *Plenilunio*), rendendosi visibile in cielo per tutta la durata della notte; d'ora in avanti, e per i successivi quattordici giorni, l'illuminazione inizierà a farsi sempre più ridotta e il satellite attraverserà tutte le fasi di Luna calante fino a tornare, nel ventinovesimo giorno, un'al-

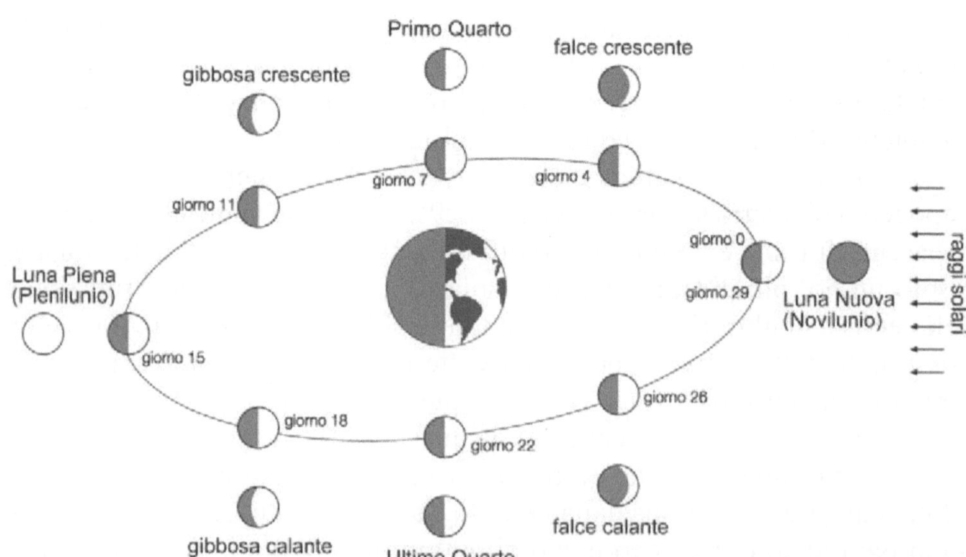

Figura 3.7. Il movimento che la Luna compie in circa 29,5 giorni (mese sinodico) attorno alla Terra provoca le fasi lunari. Le Lune disegnate sull'orbita mostrano l'illuminazione che ricevono dal Sole; quelle più all'esterno presentano l'emisfero illuminato come viene percepito dall'osservatore terrestre (le fasi). Le eclissi di Sole si possono verificare solo durante il Novilunio, quelle di Luna solo durante il Plenilunio.

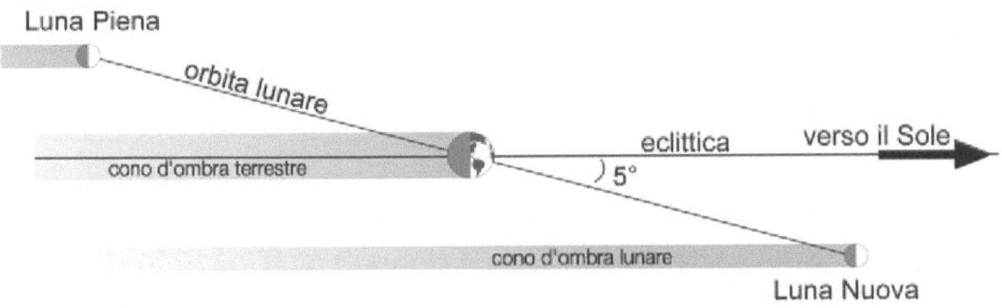

Figura 3.8. L'eclittica è il piano dell'orbita del nostro pianeta, su cui giace il Sole per l'osservatore terrestre; il piano dell'orbita lunare è inclinato rispetto ad esso di circa 5°. Si noti come, normalmente, la Luna Nuova o la Luna Piena si posizionino un po' sopra o un po' sotto il piano dell'eclittica, impedendo che si verifichi un'eclisse a ogni lunazione.

tra volta alla fase di Luna Nuova: un nuovo mese sinodico può così cominciare.

La Luna impiega 29,5305 giorni per ritornare alla stessa fase (ad esempio tra una Luna Nuova e la successiva), mentre ne occorrono solo 27,3216 per completare il percorso dell'orbita: la differenza di 2,2089 giorni a favore del mese sinodico nasce dal fatto che, mentre la Luna ruota intorno alla Terra, il pianeta si sposta lungo l'orbita intorno al Sole; così, per riallinearsi nuovamente con la stella e tornare alla fase di Luna Nuova, il satellite deve percorrere un po' di strada in più, distanza che colma proprio in quei due giorni aggiuntivi.

Esiste poi un terzo tipo di mese lunare, chiamato *mese anomalistico*, che è basato sul tempo impiegato dalla Luna a transitare per due volte consecutive al perigeo (o all'apogeo): questo periodo, che vale 27,5545 giorni, è importante per determinare dopo quanto tempo il disco lunare tornerà a presentarsi in cielo alla massima (o minima) dimensione apparente, giocando un ruolo determinante nello stabilire se un'eclisse di Sole sarà totale, anulare oppure ibrida.

Ogniqualvolta la Luna è Nuova, e si interpone fra la Terra e il Sole, si verifica un'eclisse di Sole? E a ogni Plenilunio, un'eclisse di Luna? Certamente no, perché l'orbita lunare non è complanare con quella terrestre: dunque, non succede ogni mese che la Luna sia perfettamente allineata lungo la direttrice Terra-Sole. Spieghiamo questo concetto con la Fig. 3.8.

Il piano fondamentale su cui poggia l'orbita terrestre è chiamato *eclittica*: visto dalla Terra, il Sole sta sempre sull'eclittica. L'orbita lunare risulta inclinata rispetto al piano dell'eclittica di un angolo che misura circa 5°.

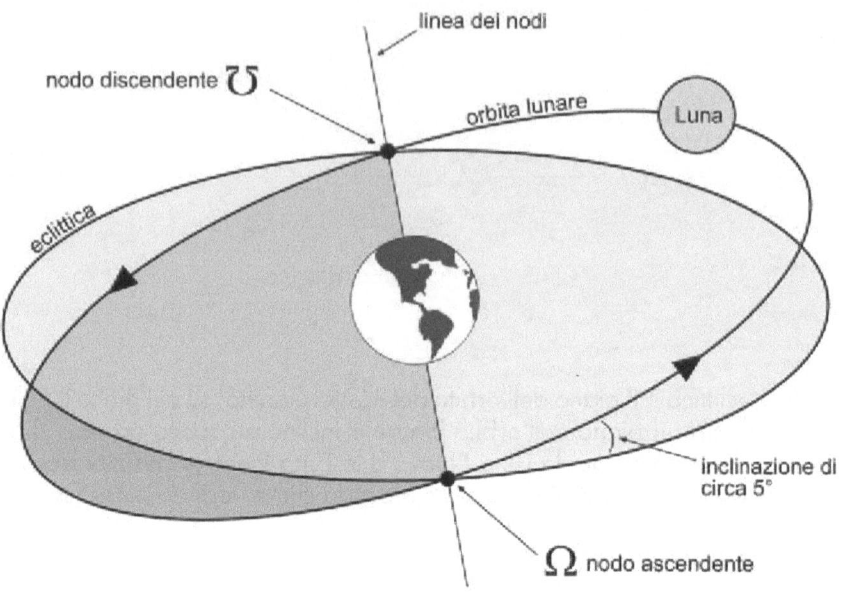

Figura 3.9. L'inclinazione dell'orbita lunare e le sue intersezioni con l'eclittica (i nodi). Passando per questi punti quando è Nuova, oppure Piena, la Luna si troverebbe sulla direttrice Terra-Sole direttamente davanti o dietro alla Terra (eclisse!). La linea dei nodi è la retta immaginaria che congiunge le due intersezioni.

È proprio a causa di questa inclinazione che, quando si verifica una Luna Nuova o una Luna Piena, quasi sempre il satellite si trova un po' più in alto o un po' più in basso rispetto all'eclittica (e quindi lontano dalla direttrice Terra-Sole), impedendo il verificarsi di un'eclisse.

L'orbita lunare interseca l'eclittica in due punti: una parte corre al di sotto del piano di riferimento, mentre l'altra ne sta al di sopra, come si vede nella Fig. 3.9.

I due punti di intersezione sono i *nodi*, indicati dalla lettera greca Ω (omega): percorrendo l'orbita, se la Luna attraversa il nodo muovendosi dall'alto verso il basso questo prende il nome di *nodo discendente*; l'altro nodo è detto *ascendente*. I due punti sono collegati fra loro da una linea immaginaria, passante per la Terra, chiamata *linea dei nodi* e questa linea è l'elemento chiave per comprendere come si formano le eclissi; dalla Fig. 3.9 si vede chiaramente come solo in prossimità dei nodi la Luna Nuova (o Piena) si trovi direttamente "davanti" (o "dietro") alla Terra rispetto al Sole; lontana dai nodi, essa è troppo discosta dalla direttrice Terra-Sole per dar luogo a un'eclisse.

La Luna transita due volte allo stesso nodo ogni 27,2122 giorni (*mese draconico*); il mese draconico è più breve di 0,3423 giorni del mese anomalistico (passaggio della Luna al perigeo). Questo piccolo scarto è dovuto a una lenta rotazione della linea dei nodi, dovuta alla combinazione delle perturbazioni gravitazionali della Terra, del Sole e dei pianeti, fenomeno che prende il nome di *retrogradazione dei nodi*; per questo effetto, i nodi migrano nel tempo risalendo l'eclittica, presentandosi ogni mese un po' in anticipo.

Ora che abbiamo illustrato i moti che interessano il nostro pianeta e il suo satellite, disponiamo delle nozioni necessarie per capire come può verificarsi un'eclisse.

3.3 Come avviene un'eclisse

L'osservatore terrestre, partecipando al moto di rotazione e di rivoluzione della Terra, ha la percezione che sia il Sole a spostarsi nel cielo, sorgendo e tramontando ogni giorno e proiettandosi in una costellazione dello Zodiaco sempre differente in ogni mese dell'anno. Il Sole, per effetto della rivoluzione terrestre, si muove lungo l'eclittica giorno dopo giorno, completando il giro in un anno siderale; lo spostamento è di poco meno di 1° al giorno. Lo spostamento della Luna sulla sua orbita è invece di circa 13° al giorno.

Si guardi la Fig. 3.10. La possibilità che si verifichi un'eclisse si ha solo quando la Luna e il Sole si trovano contemporaneamente al nodo, o comunque nelle sue immediate vicinanze. La Luna si sovrappone (completamente o in parte) al disco solare quando transita entro una zona ampia fra 15° e 18° a est e a ovest del nodo: la diversa ampiezza dipende dalle variazioni dei possibili valori dei parametri geometrici e dinamici dell'eclisse, in particolare dei diametri apparenti di Sole e Luna.

Se il Sole e la Luna s'incontrano all'interno della zona, allora avverrà certamente un'eclisse di Sole, che sarà totale se l'incontro si verifica proprio sul nodo, oppure a meno di 10°-12° da esso; in tutti gli altri casi l'eclisse sarà solo parziale.

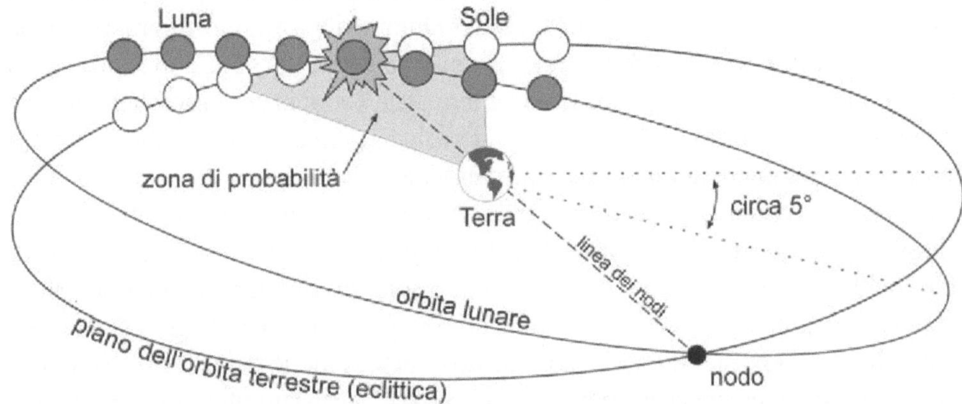

Figura 3.10. Visto dalla Terra, è il Sole che si sposta sull'eclittica. In grigio è indicata la zona di probabilità, ampia circa 30° a cavallo del nodo, all'interno della quale devono trovarsi Luna e Sole affinché si produca un'eclisse.

Ogni quanto tempo il Sole passa per i nodi dell'orbita lunare? Verrebbe da dire ogni anno tropico (l'usuale anno delle stagioni, di 365,2424 giorni), ma non è così. In realtà, il Sole impiega 19 giorni in meno (per la precisione: 346,6 giorni) a causa della retrogradazione dei nodi di cui abbiamo parlato in precedenza, ovvero dell'anticipo di 19°,4 all'anno della loro posizione sull'eclittica. Il periodo di 346,6 giorni è chiamato *anno delle eclissi* (o *stagione delle eclissi*).

La zona di probabilità che si estende attorno al nodo, mediamente ampia circa 30°, ci assicura che ogni anno si verifichino almeno due eclissi di Sole, totali o parziali, una in corrispondenza di ciascun nodo. In particolari condizioni, però, il numero di eclissi di Sole può salire a 4, anche se queste saranno tutte parziali. Infatti, il Sole impiega circa 31 giorni per attraversare completamente la zona di probabilità, ma la Luna torna a essere Nuova ogni 29,5 giorni. Basta che la prima eclisse si verifichi all'ingresso della zona di probabilità e il satellite, nella fase Nuova della lunazione successiva, riuscirà a raggiungere nuovamente il Sole, trovandolo ancora all'interno della zona di probabilità. Ovviamente, avvenendo gli incontri sui bordi est e ovest della zona, le eclissi saranno entrambe parziali. In casi davvero eccezionali (le ultime volte furono nel 1805, nel 1935 e la prossima non ricapiterà prima del 2206) si possono avere addirittura 5 eclissi di Sole in un anno! Questo perché la stagione delle eclissi dura 19 giorni in meno dell'anno tropico e pertanto, se la prima eclisse si verifica entro il 18 gennaio (il 19 per gli anni bisestili), allora se ne produrrà un'altra a fine gennaio o ai primi di febbraio, due si verificheranno sei mesi dopo, tra giugno e luglio, e una a dicembre: quest'ultima appartiene alla successiva stagione delle eclissi.

Per le eclissi di Luna (senza considerare quelle di penombra che sono pressoché inavvertibili), la zona di probabilità attorno al nodo in cui deve trovarsi il Sole affinché si verifichi l'evento ha un'estensione minore: tra 9°,5 e 12°, a seconda della distanza Terra-Luna. Poiché la Luna impiega circa 19 giorni per attraversarla, un tempo ben inferiore alla durata del mese sinodico, c'è una sola possibilità per la Luna di incontrare il cono d'ombra terrestre. Durante il passaggio, allora, potrebbe verificarsi un'eclisse, ma potrebbe anche non accadere nulla se la Luna è troppo in ritardo o in anticipo sul nodo rispetto all'ombra della Terra; in definitiva, nel migliore dei casi (quando la prima eclisse di Luna si svolge a gennaio), si possono osservare fino a tre eclissi lunari all'anno, ma normalmente soltanto due.

Tirando le somme, si possono avere da un minimo di due a un massimo di sette eclissi all'anno: nel primo caso saranno due, a distanza di sei mesi, ed entrambe di Sole; nel secondo saranno tre lunari e quattro solari, o due lunari e cinque solari. Gli anni con tante eclissi sono abbastanza rari e comunque il conteggio si riferisce a tutti gli eventi che si rendono visibili da un qualsiasi luogo della Terra, comprese le zone praticamente inaccessibili, come i Poli, o le vaste superfici oceaniche dove difficilmente l'osservatore occasionale o l'astrofilo ha occasione di recarsi per tentare l'osservazione.

La geometria delle eclissi

Se potessimo salire a bordo di una navicella spaziale e allontanarci quanto basta dal pianeta, potremmo vedere meglio come le eclissi prendono forma a partire dalle disposizioni geometriche della Terra, della Luna e del Sole.

Immaginiamo di osservare, da sopra il piano dell'eclittica, i tre corpi muoversi nello spazio. Iniziamo dallo schema b) in figura: qui la Luna è Nuova, essendo interposta fra il pianeta e la stella, ma si trova in un punto dell'orbita che sta al di sotto dell'eclittica (la Luna sarebbe sotto il foglio di carta su cui stiamo leggendo, mentre la Terra e il Sole poggerebbero sul foglio). Il cono d'ombra lunare, pertanto, non ha alcuna possibilità d'intercettare la Terra: le scivola al di sotto, passando oltre nello spazio.

Anche nello schema a) il satellite è in fase di Luna Nuova, ma ora la linea dei nodi punta nella direzione del Sole. La Luna transita nel nodo, ovvero si trova proprio sulla linea di vista Terra-Sole, e il cono d'ombra lunare può incontrare la superficie terrestre, disegnando la stretta fascia di totalità.

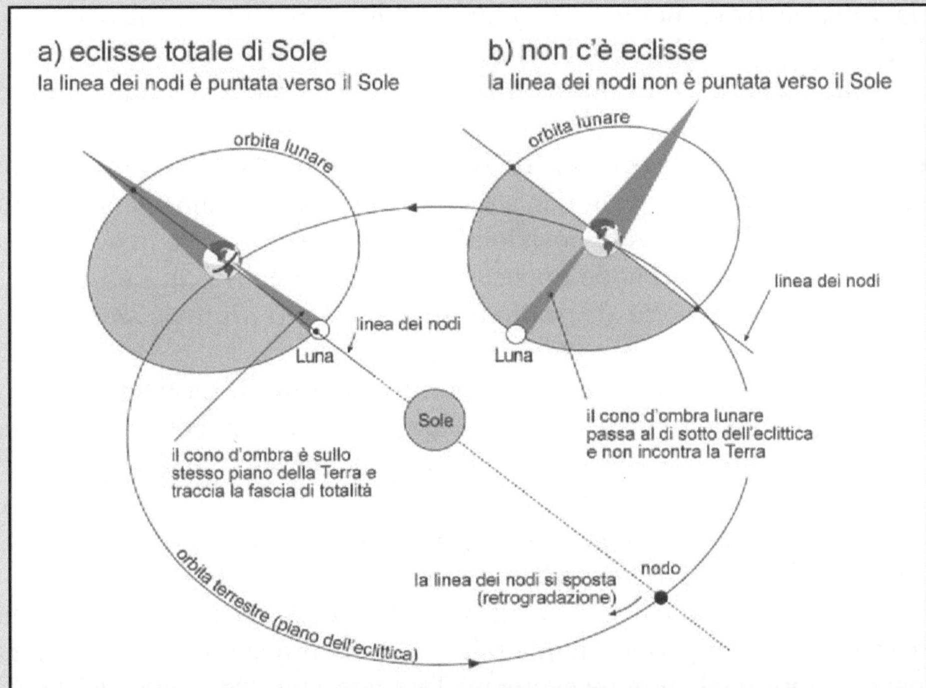

Come l'orientamento della linea dei nodi determina la formazione di un'eclisse. La Luna si trova nella fase di Luna Nuova in entrambe le circostanze: in a) si verifica un'eclisse di Sole poiché la linea dei nodi punta il Sole, e la Luna transita nel nodo; in b) la Luna si trova al di sotto dell'eclittica, lontana dal nodo, pertanto la sua ombra non intercetta la Terra. La linea dei nodi si trova puntata in direzione del Sole due volte a ogni stagione delle eclissi.

L'orientamento della linea nodale è dunque il fattore decisivo: se la linea dei nodi lunari non punta direttamente verso il Sole (o nelle sue immediate vicinanze) le eclissi non possono prodursi.

L'esempio riportato in figura si riferisce al verificarsi di un'eclisse di Sole, ma i concetti sono i medesimi anche per le eclissi di Luna. Se in a) la Luna fosse stata Piena, passando al nodo posto dietro la Terra, si sarebbe trovata immersa nell'oscuro cono d'ombra terrestre e ci sarebbe stata l'eclisse di Luna.

3.4 Il ciclo Saros

Ripetendosi da millenni, le eclissi sono regolate da una sorta di precisissimo orologio cosmico che, a ogni rintocco, produce nel cielo uno di questi meravigliosi eventi. Per capire bene come funziona, è utile ricordare le tre circostanze fondamentali che devono essere soddisfatte affinché un'eclisse abbia luogo.

Prima condizione: Luna Nuova o Luna Piena. Un'eclisse si verifica solo se la Luna si trova nella fase Nuova o Piena; nel primo caso si avrà un'eclisse di Sole, nel secondo un'eclisse di Luna.

La Luna torna a essere Nuova (o Piena) a ogni mese sinodico, ovvero ogni 29,5305 giorni.

Seconda condizione: passaggio della Luna al nodo. Per poter intercettare la linea di vista Terra-Sole, la Luna deve trovarsi vicina a uno dei nodi della sua orbita; transita in quello posizionato fra la Terra e il Sole in occasione delle eclissi di Sole, nel nodo opposto in caso di un'eclisse di Luna.

La Luna transita nello stesso nodo (ascendente o discendente) a ogni mese draconico, ovvero ogni 27,2122 giorni.

Terza condizione: orientamento della linea dei nodi. La linea dei nodi deve essere puntata in direzione del Sole o nelle sue immediate vicinanze se vogliamo che il cono d'ombra della Luna intercetti la Terra, oppure che il cono d'ombra della Terra investa la Luna.

La linea dei nodi si trova puntata in direzione del Sole due volte all'anno; la stagione delle eclissi dura 346,6 giorni.

Ora, per capire qual è il segreto alla base della ciclicità delle eclissi, basta verificare se c'è un periodo temporale trascorso il quale le tre condizioni tornano a riproporsi simultaneamente. Tale intervallo "magico" esiste effettivamente e dura 6585 giorni. Dopo questo lungo periodo di tempo, che è pari a 18 anni e 11 giorni, l'orologio cosmico delle eclissi suona un nuovo rintocco che segnala l'avvenuto riallineamento nello spazio dei protagonisti del gioco. Infatti, 6585 giorni sono un multiplo intero di molti periodi lunari: equivalgono quasi esattamente (le differenze stanno solo nei decimali) a 19

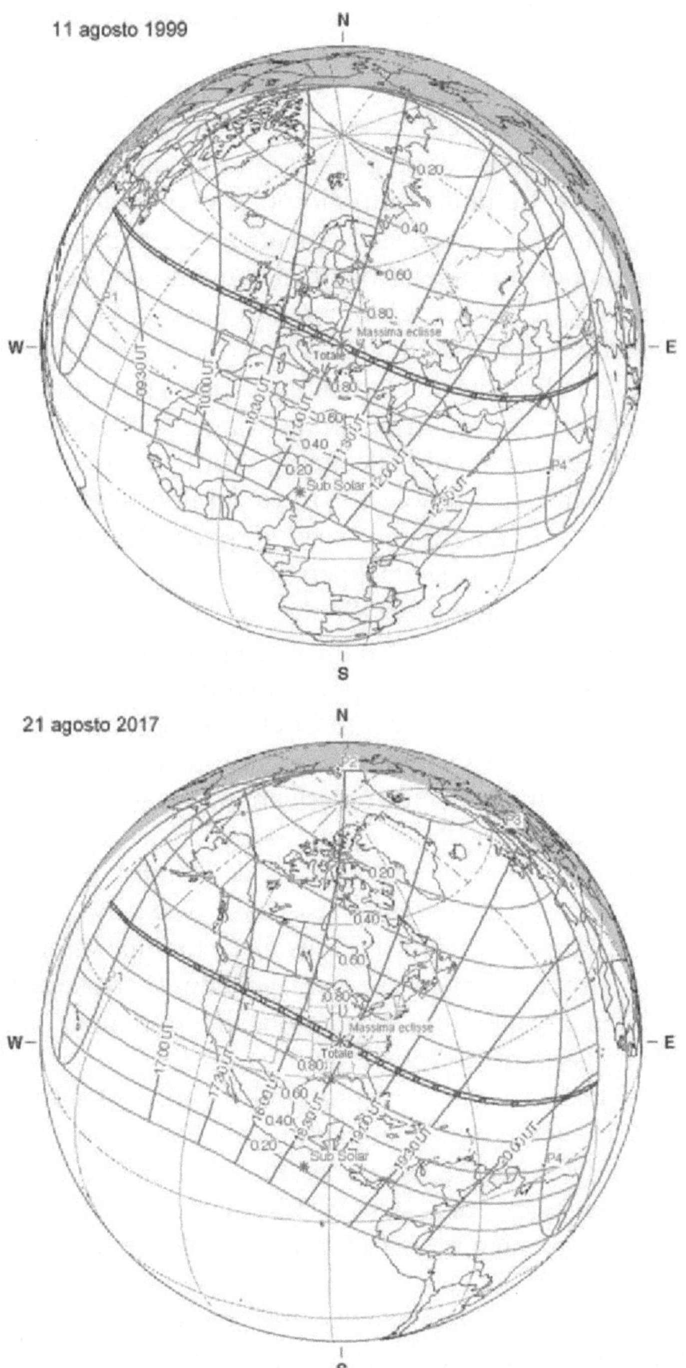

Figura 3.11. Le curve dell'eclisse dell'11 agosto 1999 e della successiva del 2017 sono molto simili fra loro poiché entrambe fanno parte dello stesso Saros (il 145). Si noti come l'eclisse del 21 agosto 2017 si produca in territori posti a 120° di longitudine ovest rispetto alla precedente e si sia spostata leggermente più a sud.

anni delle eclissi, a 223 mesi sinodici, a 242 mesi draconici e a 239 mesi anomalistici.

Il periodo di 6585,34 giorni, pari a 18 anni, 10 o 11 giorni (a seconda di quanti sono gli anni bisestili) e 8 ore con cui le eclissi si ripresentano è detto periodo, o intervallo, *Saros* ed era già stato individuato dai Caldei duemilacinquecento anni fa. Se in un certo giorno si verifica un'eclisse di Sole, dopo un periodo Saros ce ne sarà sicuramente un'altra, poiché le tre condizioni di base sono nuovamente verificate in contemporanea. Però, il nuovo evento non sarà visibile nei medesimi territori dove fu visto il precedente.

A titolo di esempio, l'eclisse dell'11 agosto 1999 favorì gli osservatori europei (attraversò la Francia, la Germania ecc.). È facile prevedere la data dell'eclisse sorella che si produrrà dopo un Saros: sommando 6585 giorni all'11 agosto 1999, e trascurando i decimali, si ottiene la data del 21 agosto 2017, giorno in cui la Luna, il Sole e la linea dei nodi si ritroveranno nelle medesime condizioni. C'è però uno scarto di pochi decimali (0,34 giorni, equivalenti a 8 ore) per la perfetta ripetizione: in quel lasso di tempo, la Terra compie un terzo della rotazione su se stessa, ossia ruota di 120°. Ciò significa che lo *show* del 2017 non si mostrerà più nel Vecchio Continente, ma in territori discosti da esso di circa 120° in direzione ovest, ovvero negli USA (si veda il capitolo 4 per maggiori dettagli su questo evento). Dopo un periodo Saros, l'eclisse che emozionò l'Europa a mezzogiorno dell'11 agosto 1999 oscurerà dunque i cieli americani il 21 agosto 2017, con caratteristiche di durata del tutto simili.

Dalla Fig. 3.11, che mostra la proiezione dell'ombra e della penombra lunare sul globo terrestre in entrambe le eclissi, possiamo osservare come le curve siano fra loro molto simili: la fascia di totalità ha pressappoco la stessa ampiezza, l'inclinazione rispetto all'equatore terrestre risulta quasi la stessa e praticamente identica è la porzione di globo interessata dalla penombra: le due eclissi sono eventi gemelli.

Svolgendo gli stessi calcoli per i prossimi secoli, si possono prevedere tutte le date delle eclissi future imparentate con quella europea: per esempio, la successiva è prevista per il 2 settembre 2035, con la fascia di totalità che interesserà il Giappone e l'Asia, territori 120° a ovest dell'America Settentrionale. Se si osserva con cura la Fig. 3.11, si può notare che l'eclisse del 2017 ha la fascia di totalità spostata un poco più a sud rispetto a quella di fine millennio; lo stesso capiterà con le eclissi successive. A un certo punto, la fascia di totalità attraverserà l'equatore e inizierà a interessare i territori posti nell'emisfero australe, fino a raggiungere lentamente il Polo Sud. Il fenomeno migratorio delle eclissi distanziate di un periodo Saros è causato dai leggeri scostamenti dalla perfetta sincronia fra i multipli interi del mese sinodico, del mese draconico e della stagione delle eclissi.

Esiste un intervallo di tempo, mediamente della durata di circa 1300 anni, chiamato anch'esso *Saros*, che comprende una settantina di eclissi imparentate fra loro e ciascuna separata dalla successiva di 6585 giorni e 8 ore. Ogni Saros ha una sua storia specifica.

Quello che ha originato l'eclisse del 1999 iniziò il 4 gennaio 1639 con un'eclisse parziale di Sole visibile al Polo Nord; dopo i 18 anni di un intervallo Saros, la successiva eclisse fu ancora parziale, ancora visibile dalle regioni polari, benché poco più a sud della precedente. Il ciclo si è ripetuto molte volte e, a ogni migrazione verso sud, la penombra lunare ha interessato ogni volta porzioni sempre maggiori di territorio.

In quei primi secoli, l'ombra lunare non riusciva ancora a raggiungere la Terra (le eclissi si verificavano con la Luna molto discosta dal nodo, verso i margini estremi della zona di probabilità); solo nell'eclisse del 6 giugno 1891 l'allineamento dei tre corpi iniziò a farsi più preciso e diede vita alla prima eclisse anulare del Saros, la cui fascia di centralità lambì le estreme regioni settentrionali della Siberia. Da questo momento in poi, ogni eclisse successiva si è presentata (e si presenterà) come totale (con una sola eccezione) e ogni fascia di totalità ha continuato (e continuerà) a migrare progressivamente verso sud; procedendo a balzi di 18 anni attraverso i secoli, l'ultima eclisse totale di questo Saros si verificherà il 9 settembre 2648, quando il corridoio di totalità avrà finalmente raggiunto le regioni attorno al Polo Sud. Da lì in poi il Saros partorirà solamente eclissi parziali, che si manifesteranno tutte in prossimità del Polo Sud e di grandezza via via minore, fino all'evento conclusivo del 17 aprile 3009 che segnerà la fine del ciclo.

Arrivati a questa lontana data, le differenze nei decimali dei periodi lunari si saranno accumulate fino a diventare così importanti da impedire nuove sincronizzazioni fra Sole, Luna e linea dei nodi e il Saros finisce. Possiamo dire, pertanto, che ogni Saros nasce, si sviluppa e muore: già molti Saros si sono conclusi, mentre altri sono tuttora in corso nella nostra epoca e altri ancora inizieranno in futuro.

Per meglio identificare le varie famiglie di eclissi, i cicli Saros sono numerati: si utilizza un elenco per le eclissi di Sole e uno per le eclissi di Luna, distinti fra loro e con numerazione indipendente. Ogni ciclo di Saros, infatti, genera un solo tipo di eclisse. Per le eclissi solari, se il numero del Saros è pari significa che ha generato la prima eclisse al Polo Sud, pertanto le successive migreranno verso nord e la Luna intercetta il Sole passando nel nodo discendente; viceversa, se il Saros ha una numerazione dispari, la Luna transita nel nodo ascendente e la prima eclisse si è originata al Polo Nord, mentre le successive si sposteranno verso sud.

Per i cicli che regolano le eclissi di Luna, se il Saros ha numerazione pari, l'eclisse procede dal margine nord dell'ombra terrestre verso quello sud e la Luna transita nel nodo ascendente dell'orbita; il contrario avviene per i cicli con numerazione dispari.

Il Saros dell'eclisse solare del 1999 è il numero 145 e, nel corso della sua vita (della durata complessiva di 1370 anni), darà origine a ben 77 eclissi: 34 di queste saranno parziali, 41 totali, 1 sarà anulare e 1 ibrida e tutte si sposteranno progressivamente verso il Polo Sud del pianeta.

Il fatto che ogni anno si verifichino sulla Terra da due a sette eclissi è indice dell'esistenza di più cicli di Saros contemporaneamente attivi nella nostra epoca: alcuni danno origine alle eclissi di Sole, gli altri alle eclissi di Luna. Taluni, come il Saros 117 (eclissi di Sole), sono ormai prossimi alla fine (l'ultima eclisse sarà nel 2054); altri sono in pieno svolgimento, come il già citato 145, il 133 (prossima eclisse di Sole in Australia nel 2012) e il 143 (prossima eclisse di Sole in Africa nel 2013). Altri ancora si avviano lentamente verso la conclusione delle loro eclissi totali, come il numero 120 (prossima eclisse di Sole nel 2015 nei pressi dell'Islanda): a questo Saros apparteneva l'eclisse che interessò l'Italia il 15 febbraio 1961. Tanti altri cicli si sono già conclusi da diversi secoli, come i numeri 1, 10, 50 ecc.

Nella nostra epoca, il Saros attivo più giovane (per le eclissi di Sole) è il 156, che ha generato la sua prima eclisse parziale, in Antartide, il 1° luglio 2011. Per osservare la sua prima fascia di centralità dovremo attendere il 26 settembre 2155. Curiosamente, il Saros 156, fra le 69 eclissi future a cui darà vita, genererà solo eclissi anulari e nessuna totale. Questo si verifica perché entra a far parte del gioco anche il mese anomalistico, ovvero il periodo che la Luna impiega a ritornare al perigeo (o all'apogeo): essendo anche questo un sottomultiplo intero (1/239) del periodo Saros, se la Luna si trova all'apogeo, trascorsi 6585 giorni essa si troverà, più o meno, ancora alla massima distanza dal pianeta, generando così una grande famiglia di eclissi tutte anulari.

3.5 Il parametro gamma

Il parametro *gamma* è un numero, positivo o negativo, che identifica il tipo di eclisse.

Per le eclissi di Sole viene definito come la minima distanza fra il centro del cono d'ombra della Luna e il centro del disco terrestre esposto al Sole, espressa in unità di raggio terrestre (Fig. 3.12 a). Dunque, se il valore di gamma è 0, il centro dell'ombra lunare passa proprio sul centro del disco terrestre; per valori di gamma crescenti verso l'unità, la fascia di totalità si sposta sempre più verso il bordo terrestre, pur rimanendo sulla superficie del pianeta (ad esempio, per l'eclisse anulare del 29 aprile 2014 il gamma è pari a $-1{,}0001$), mentre per valori di poco superiori a 1 non si avrà alcun in-

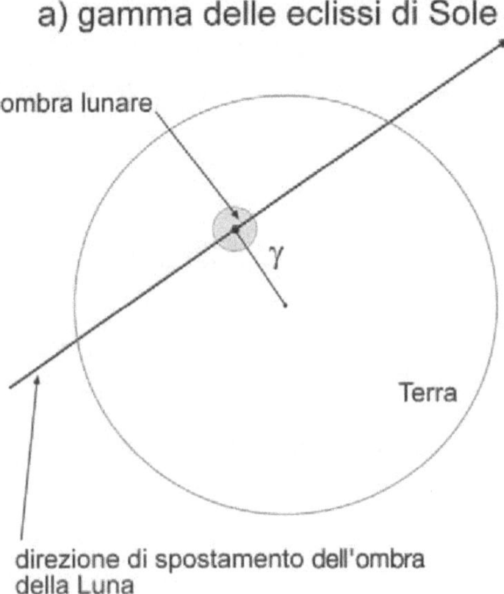

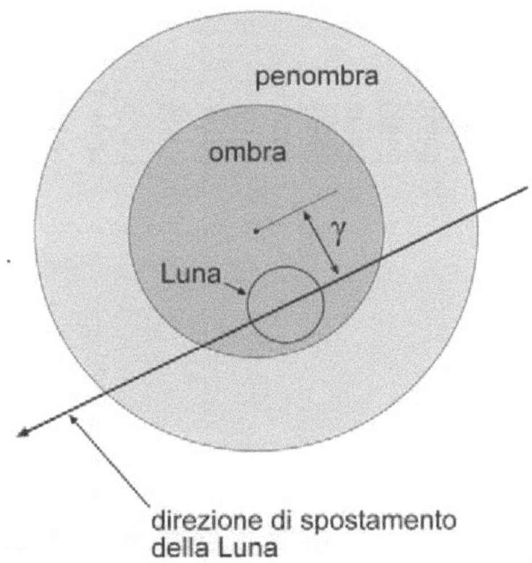

Figura 3.12. Il parametro gamma fornisce indicazioni se l'eclisse sarà totale o parziale; questo valore cambia, a ogni intervallo Saros, a causa degli scostamenti dalla perfetta sincronia tra i vari periodi lunari e solari che entrano in gioco.

contro fra l'ombra e il pianeta: pertanto, sarà la sola penombra a investire la Terra, dando luogo a eclissi solo parziali (come quella del 1° giugno 2011, gamma: 1,2129). Per convenzione, il segno di gamma è positivo per le eclissi che si svolgono nell'emisfero boreale del pianeta, negativo per quelle che si sviluppano a sud dell'equatore.

Tabella 3.1. L'evoluzione del Saros 133 (quelo dell'eclisse australiana del 13 novembre 2012). Si noti come le prime eclissi sono tutte parziali e con elevato valore del gamma. Esso decresce progressivamente fino a quando le eclissi presentano una fascia di centralità, quindi torna a crescere (in senso assoluto) verso la fine del Saros. Il segno del gamma, che qui inizialmente è positivo e poi diventa negativo, indica che l'eclisse si è originata al Polo Nord e procede verso sud.

Saros 133 eclisse n.	data dell'evento	tipo di eclisse	gamma	magnitudine	altezza del Sole al massimo (°)	ampiezza fascia di totalità al massimo (km)	durata centrale al massimo
1	13 lug. 1219	parziale (eclisse iniziale del Saros)	1,5337	0,0308	–	–	–
2	23 lug. 1237	parziale	1,4562	0,1681	–	–	–
12	08 nov. 1417	parziale	1,0097	0,967	–	–	–
13	20 nov. 1435	anulare (non centrale)	0,9991	0,9868	–	–	–
14	30 nov. 1453	anulare	0,9903	0,9842	7	469	01m14s
18	13 gen. 1526	anulare	0,9644	0,9985	15	19	00m07s
19	24 gen. 1544	ibrida	0,9533	1,0035	17	40	00m16s
20	03 feb. 1562	totale	0,9373	1,0091	20	89	00m41s
21	15 feb. 1580	totale	0,9164	1,0151	23	127	01m07s
34	17 lug. 1814	totale	0,1641	1,0774	80	254	06m33s
35	27 lug. 1832	totale	0,0919	1,0776	85	252	06m46s
36	07 ago. 1850	totale	0,0215	1,0769	89	249	06m50s
37	18 ago. 1868	totale (eclisse centrale del Saros)	−0,0443	1,0756	88	245	06m47s
38	29 ago. 1886	totale	−0,1059	1,0735	84	240	06m36s
44	03 nov. 1994	totale	−0,3522	1,0535	69	189	04m23s
45	13 nov. 2012	totale, eclisse australiana	−0,3719	1,05	68	179	04m02s
46	25 nov. 2030	totale	−0,3867	1,0468	67	169	03m44
64	11 giu. 2355	totale	−0,9196	1,0269	23	233	02m18s
65	21 giu. 2373	totale (limite sud assente)	−0,9954	1,0191	3	–	01m24s
66	03 lug. 2391	parziale	−1,0732	0,8664	–	–	–
67	13 lug. 2409	parziale	−1,1523	0,7186	–	–	–
71	25 ago. 2481	parziale	−1,4585	0,1568	–	–	–
72	05 set. 2499	parziale (eclisse finale del Saros)	−1,5273	0,034	–	–	–

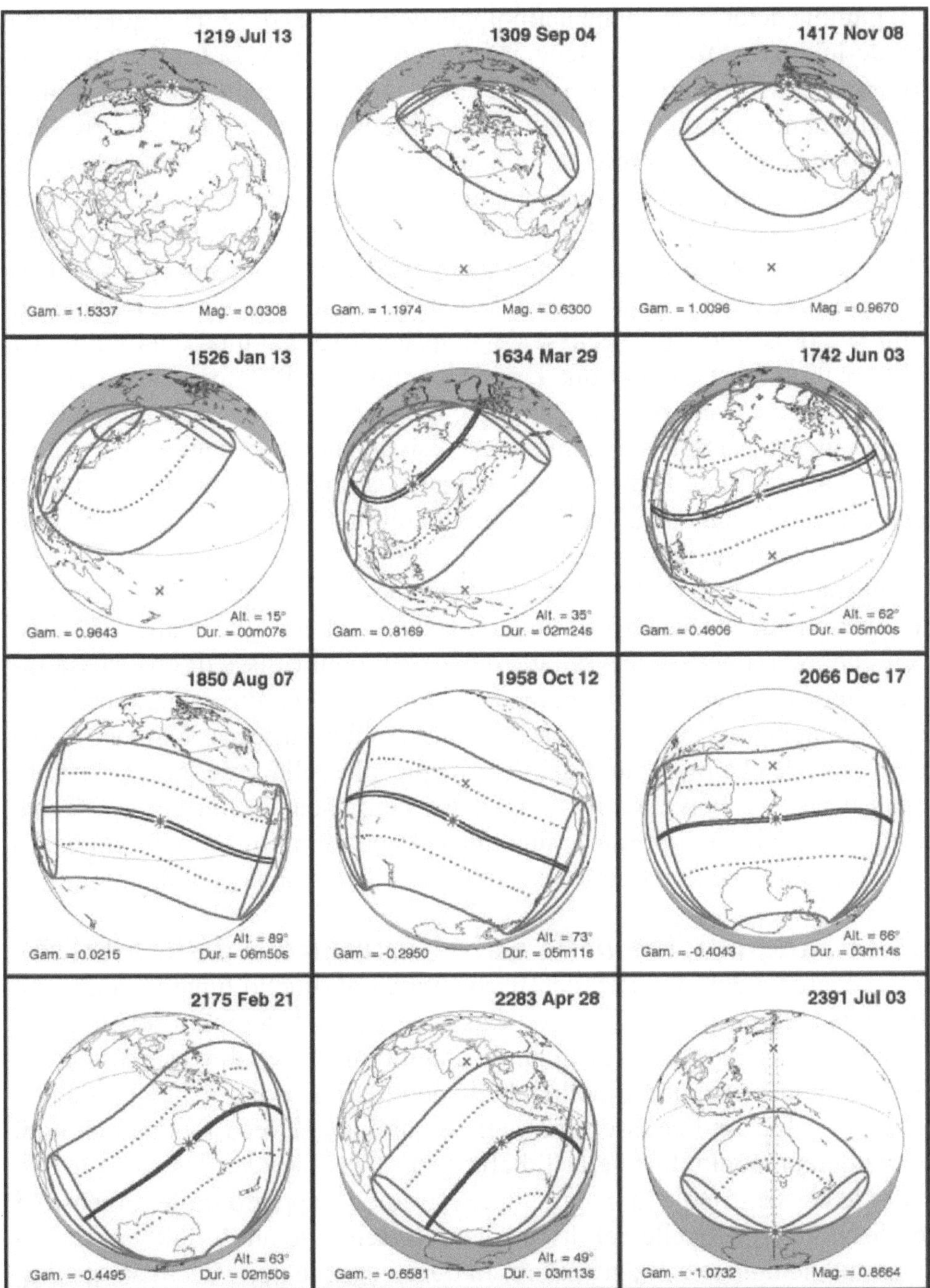

Figura 3.13. L'evoluzione del Saros 133, dalla sua origine fino all'eclisse conclusiva. Delle 72 eclissi generate dal ciclo, qui ne sono riportate solo 12, a intervalli di 6 periodi di Saros l'una dall'altra.

Il gamma determina anche la tipologia delle eclissi di Luna, e qui assume una definizione differente: viene definito come la distanza fra il centro dell'ombra della Terra e il centro del disco lunare al momento della centralità del fenomeno, sempre espressa in unità di raggio equatoriale terrestre. Per valori del gamma prossimi a 0 l'eclisse è totale e centrale, pertanto la Luna transita nella parte più interna del cono d'ombra (ad esempio, per l'eclisse del 26 giugno 2029 il gamma è pari a 0,0124; durata della totalità: 1h 42m); all'aumentare di questo valore, la Luna passa sempre più a nord o a sud rispetto al centro del cono d'ombra, arrivando a sfiorarne il bordo quando il gamma è prossimo a 0,5 (eclisse del 4 aprile 2015, gamma: 0,4460, durata della totalità: 5 m): qui la Luna lambisce il limite dell'ombra, rimanendone completamente immersa solo per breve tempo. Oltre questi valori, l'eclisse inizia a essere parziale, diventando esclusivamente di penombra per valori di gamma prossimi a 1. L'eclisse è radente al cono di penombra se il gamma esibisce valori vicini a 1,5 (eclisse del 18 luglio 2027, gamma: −1,5758: durata della parzialità nella penombra: 11m 47s).

Scorrendo la lista delle eclissi appartenenti a un Saros, si può osservare l'evoluzione del parametro gamma (si veda la Tabella 3.1, relativa al Saros 133, quello dell'eclisse australiana del 2012); ogni eclisse di una stessa famiglia mostra un valore del gamma leggermente differente dalla precedente, che incrementa se l'ombra migra verso nord o diminuisce se si muove verso sud. L'eclisse che presenta il gamma più piccolo della serie indica l'evento in cui il Saros è arrivato a metà della sua vita; andando più oltre, si arriva all'ultima in grado di produrre una linea di centralità (quando il gamma, in valore assoluto, supera l'unità) e infine a quella conclusiva della famiglia.

3.6 La magnitudine delle eclissi e la durata della totalità

La percentuale del diametro del disco solare o di quello lunare occultata è chiamata *magnitudine dell'eclisse* e assume valori differenti a seconda che si parli di eclissi di Sole o di Luna; la magnitudine è sempre espressa attraverso un numero riportato nelle tabelle delle effemeridi poiché ci indica, a colpo d'occhio, se l'eclisse sarà totale o parziale (si veda l'andamento del valore della magnitudine nella Tabella 3.1).

Per le eclissi di Sole la magnitudine esprime il rapporto tra le dimensioni del disco lunare e quelle del disco solare: le eclissi totali di Sole hanno una magnitudine uguale a 1 o superiore. In questi casi, la parte decimale del numero suggerisce informazioni circa la durata della totalità: tanto più grande è il diametro lunare, tanto maggiore sarà il tempo in cui il Sole si manterrà nascosto e mostrerà la corona. L'ultima eclisse di Sole con una totalità di lunga durata fu quella del 22 luglio 2009 (magnitudine 1,080), in cui la Luna si mantenne davanti alla stella per ben 6m 39s nel punto di massima visibilità.

Se la parte decimale della magnitudine è molto piccola, quasi certamente si ha un'eclisse ibrida, come nel caso dell'8 aprile 2005, con la magnitudine di appena 1,007; in questo caso, per i territori che assistono all'evento all'alba o al tramonto (posti vicino al lembo terrestre) la Luna non ha un diametro apparente sufficientemente grande per oscurare completamente il Sole, ma lo diventa mano a mano che l'eclisse procede (ne parleremo poco più avanti).

Quando l'eclisse presenta una fascia di centralità, i valori di magnitudine prossimi a 0,95 indicano eclissi sicuramente anulari, con una parte del Sole che rimane scoperta a formare un brillante anello; per le eclissi parziali la magnitudine esprime la massima frazione di Sole occultato. Ad esempio, l'eclisse parziale del 4 gennaio 2011 esibiva una magnitudine di 0,858 nel punto di migliore visibilità; quella del 1° luglio 2011, la prima del Saros 156 verificatasi in Antartide, fu di appena 0,097, il che significa che il Sole fu occultato dalla Luna per meno del 10% del suo diametro.

Per quanto riguarda le eclissi di Luna, il valore della magnitudine esprime la frazione del disco lunare che risulta immersa nell'ombra terrestre; pertanto, per valori inferiori a 1, l'eclisse è certamente parziale (una magnitudine di 0,4 indica che il disco lunare è oscurato dall'ombra solo per il 40% del suo diametro), mentre per valori uguali a 1, o di poco superiori, la Luna s'immerge completamente nel cono d'ombra, ma si mantiene sempre vicinissima al margine, producendo una totalità di breve durata. Per valori maggiori di 1 si ha una più profonda immersione della Luna nell'oscurità: la magnitudine può raggiungere anche valori prossimi a 1,8, caratteristici delle eclissi totali centrali che esibiscono una durata importante.

Per quanto riguarda la durata della totalità degli eventi, ancora una volta, dobbiamo percorrere strade diverse per le eclissi di Sole e di Luna.

Per queste ultime, la durata della totalità dipende dal diametro apparente della Luna in cielo e soprattutto dal punto all'interno del cono d'ombra terrestre in cui avviene la massima immersione. Se l'eclisse è centrale, allora la Luna attraversa tutto il diametro del cono d'ombra, producendo una totalità di lunga durata (al massimo 1h 44m); in più, se la Luna è all'apogeo, il ridotto diametro apparente fa durare la totalità più a lungo.

Il discorso è più complesso per la durata della totalità nelle eclissi di Sole. Qui, infatti, oltre ai diametri apparenti di Sole e Luna, intervengono altri fattori, quali la latitudine della fascia di totalità e la posizione dell'osservatore all'interno della fascia. Abbiamo già detto che, a causa della sfericità terrestre, l'ombra lunare si muove più rapidamente in prossimità dei territori posti all'alba o al tramonto: pertanto, qui l'eclisse durerà di meno. Inoltre, si dovrà necessariamente stare nel centro del corridoio di totalità se si vuole assistere all'eclisse centrale, ove è garantita la massima durata locale.

Ma l'ombra della Luna si muove a velocità differenti anche a seconda della latitudine in cui cade: a latitudini prossime ai Poli, dove la curvatura terrestre è molto pronunciata, l'ombra è molto rapida e l'ampiezza della fascia di totalità notevole (300 km o anche più). Procedendo verso l'equatore, l'ampiezza della fascia si riduce e l'ombra scorre più lentamente, garantendo più lunghe durate per la totalità.

La massima copertura possibile del Sole è di 7m 31s e si può produrre solo se la Luna è al perigeo (diametro apparente maggiore possibile), la Terra è in afelio (a luglio, diametro apparente del Sole al minimo possibile) e l'eclisse si svolge a mezzogiorno proprio sull'equatore (e noi osserviamo stando sulla linea di centralità!).

Ecco perché l'eclisse del 20 marzo 2015, rimanendo sempre molto vicina al Polo, durerà nel suo massimo solo 2m 46s, mentre quella del 22 luglio 2009, che passò ben più prossima all'equatore, durò ben oltre 6m.

Il 16 luglio 2186 si verificherà un'eclisse totale da record, in cui il Sole rimarrà coperto per ben 7m 29s e quest'evento sarà in assoluto il più lungo nel periodo compreso fra il 4000 a.C. e il 6000 d.C.; fino a quella lontana data, l'eclisse che a tutt'oggi detiene il record assoluto è quella del 15 giugno 744 a.C., che durò 7m 28s. Sarà battuta solo per 1s in più.

3.7 Eclissi di Sole particolari: anulari e ibride

Come si è visto, il periodo Saros è un multiplo quasi perfetto di molti periodi lunari: fra questi, vi è anche il mese anomalistico che, lo ricordiamo, esprime il tempo impiegato dalla Luna per tornare all'apogeo o al perigeo.

La distanza che separa il satellite dalla Terra è fondamentale per determinare il tipo di eclisse di Sole che si andrà a verificare. Se un'eclisse avviene quando la Luna è al perigeo, e quindi esibisce in cielo il diametro apparente più grande possibile, l'eclisse totale di Sole è garantita. Quando invece la Luna è all'apogeo, con un diametro apparente più contenuto, il disco del satellite non è in grado di coprire completamente il Sole, lasciando scoperto un anello della brillante fotosfera solare.

L'eclisse con la Luna lontana sarebbe totale per un osservatore che si sollevasse per molti chilometri sopra la superficie del pianeta, mentre per gli osservatori al suolo, all'interno della fascia di anularità, un anello di Sole più o meno sottile rimarrà scoperto, e comunque la corona solare non sarà visibile. Se l'osservatore avrà avuto l'accortezza di portarsi al centro del corridoio di anularità, allora l'anello di Sole sarà perfettamente circolare e simmetrico. Più ci si sposta verso i limiti nord o sud del corridoio di anularità, più il centro del disco lunare passerà distante dal centro del disco solare, disegnando in cielo un anello asimmetrico, più spesso da un lato e più sottile dall'altro.

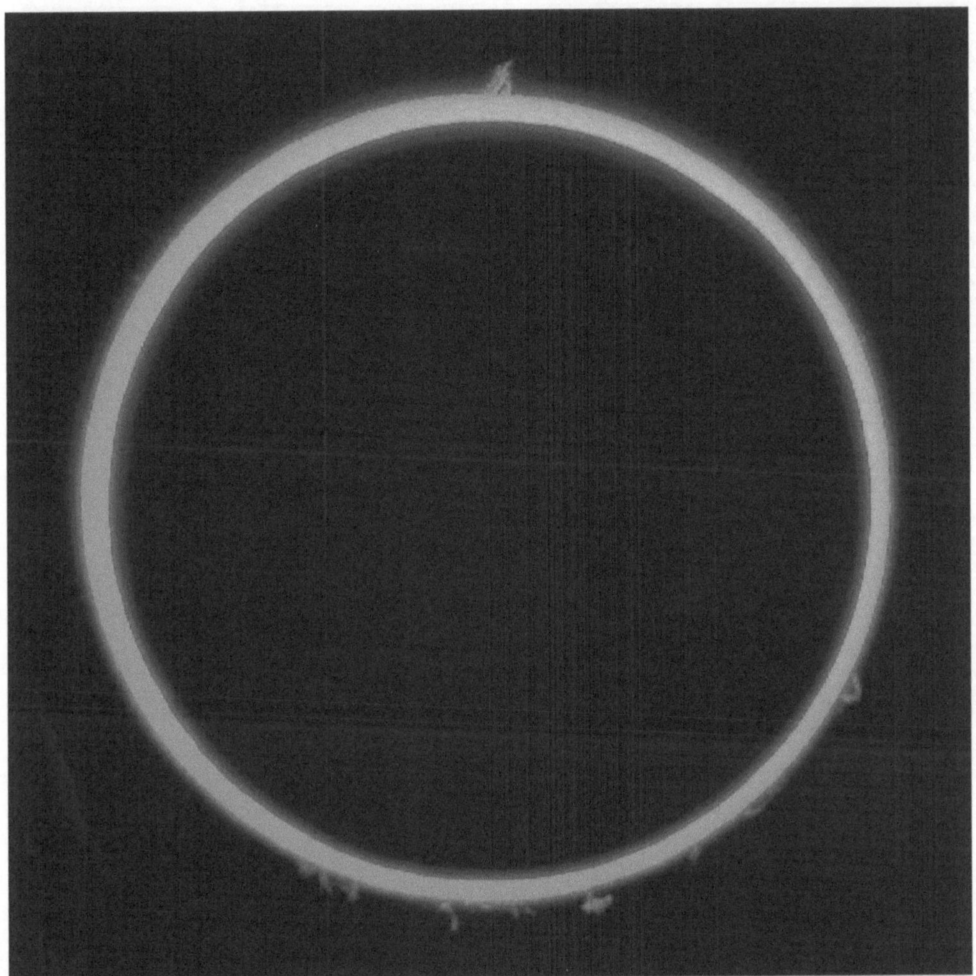

Figura 3.14. Durante un'eclisse anulare, il diametro apparente della Luna non copre completamente il Sole, così un anello di fotosfera rimane scoperto. Se si è sulla linea di centralità, l'anello di Sole ha una forma simmetrica. (Marco Bastoni e Stefano Filzoli, eclisse anulare di Sole del 3 ottobre 2005)

Lo spessore dell'anello che resta scoperto dipende dalle reciproche distanze Terra-Luna e Terra-Sole: sarà ampio se la Luna è all'apogeo (diametro apparente minimo) e la Terra è al perielio (Sole con il massimo diametro apparente). Viceversa, sarà molto sottile se la Terra è all'afelio (ancora con la Luna all'apogeo). In ogni caso, durante un'eclisse anulare, il calo di luce ambientale risulta modesto e non è possibile osservare il Sole a occhio nudo senza utilizzare adeguati filtri di protezione.

Ci sono diversi Saros che, nel corso del loro sviluppo, producono un elevato numero di eclissi anulari: poiché anche il mese anomalistico è un sottomultiplo quasi perfetto del periodo Saros (239 mesi anomalistici fanno

Figura 3.15. Sequenza dell'eclisse anulare di Sole che all'alba del 15 gennaio 2010 interessò le regioni del Kenya. (cortesia di Antonio Finazzi)

6585,53 giorni), la Luna si troverà sempre nei pressi dell'apogeo quando si verificano le condizioni geometriche dell'eclisse, che perciò sarà anulare.

Un caso a sé è quello delle eclissi di Sole *ibride*; si tratta di fenomeni abbastanza rari che si verificano solo quando i diametri apparenti del Sole e della Luna sono praticamente coincidenti. L'eclisse ibrida inizia come anulare nei territori vicini all'alba e, mano a mano che procede verso il suo culmine, si trasforma in un'eclisse totale; l'eclisse tornerà poi a essere anulare, fino a scomparire oltre il terminatore del tramonto. La causa delle eclissi ibride è, essenzialmente, la curvatura terrestre: i luoghi in cui si assiste all'eclisse attorno al mezzogiorno locale sono, seppure di pochissimo, un po' più vicini alla Luna rispetto a quelli in cui l'eclisse si manifesta al mattino o al tramonto; quei pochi chilometri di curvatura terrestre in più fanno apparire la Luna in cielo un po' più grande, quel tanto che basta per portarla a coprire completamente il Sole.

Data l'inusuale tipologia, un'eclisse ibrida presenta una fascia di centralità molto sottile, mentre la durata della totalità giunge al più a poche decine di secondi. L'ampiezza della fascia si annulla nelle due località in cui l'evento si trasforma da anulare a totale, e viceversa.

Oltre alla visibilità della corona per un breve lasso di tempo, l'eclisse ibrida è spettacolare poiché consente la visione completa della cromosfera solare, che pare cingere come un grande anello di fuoco tutto il disco del Sole: essendo la differenza dei diametri lunare e solare molto piccola, la cromosfera può così mostrarsi completa appena sopra il bordo lunare, esibendo tutta la sua bellezza.

Esistono luoghi lungo la fascia di centralità in cui l'eclisse ibrida produce contemporaneamente il secondo e il terzo contatto, accompagnati dai rispettivi grani di Baily e dagli anelli di diamante. Si tratta di un fenomeno rarissimo, che si può osservare solo nei punti in cui l'ampiezza della fascia di totalità si riduce praticamente a zero.

4 Le prossime eclissi da non perdere

L'ombra della Luna tornerà a tracciare una fascia di totalità sull'Italia solo il prossimo 3 settembre 2081; pertanto, gli osservatori del nostro Paese non hanno una rosea prospettiva per osservare il Sole nero nell'immediato futuro.

D'altra parte, l'Italia è solo una piccola penisola nel cuore dell'Europa, un'appendice di terra molto sottile se confrontata con altri Stati ben più vasti, ed è quindi del tutto normale che l'ombra lunare (per giunta poco estesa in larghezza alle nostre latitudini) intercetti così raramente il nostro Paese.

Negli ultimi due secoli ciò è successo soltanto due volte: l'8 luglio 1842 (eclisse che interessò Milano, Torino e Genova) e il 15 febbraio 1961, con

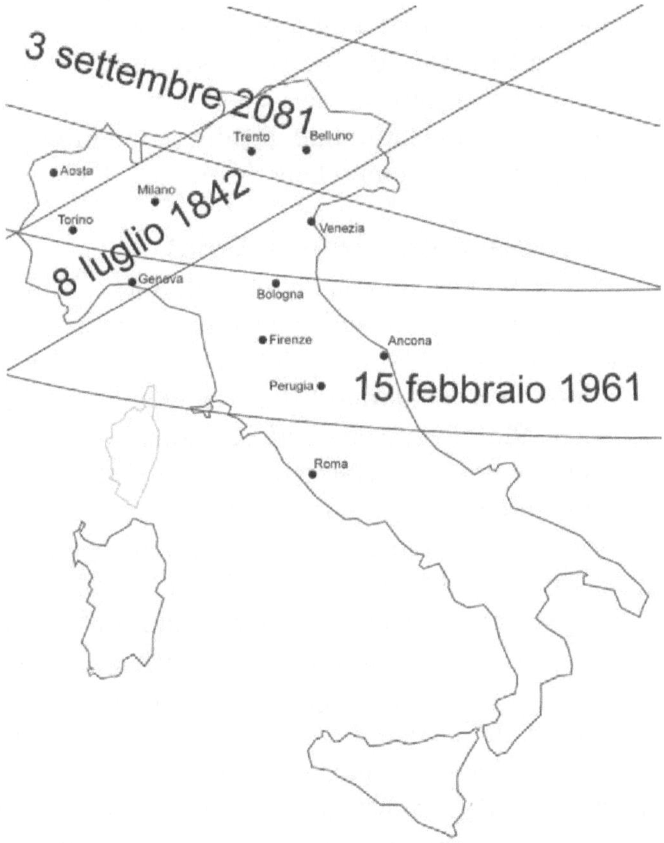

Figura 4.1. Negli ultimi duecento anni, soltanto due eclissi totali di Sole hanno interessato la penisola italiana. Per osservare la prossima, che lambirà il Paese nei territori nordorientali, si dovrà attendere fino al 3 settembre 2081.

la fascia di totalità che tagliò trasversalmente la penisola intercettando Genova, Firenze, Bologna, Perugia e Ancona (Fig. 4.1).

Riguardo alle eclissi di Luna, le occasioni di osservazione non mancheranno, grazie soprattutto alla loro migliore visibilità generale, così come diverse eclissi parziali di Sole saranno ben visibili senza muoversi da casa; anche se queste sono molto meno spettacolari degli eventi totali, rimangono comunque fenomeni curiosi che meritano uno sguardo e anche una foto.

Questo capitolo presenta una selezione di eventi fra eclissi di Sole e di Luna sparsi per il mondo, alcuni di questi osservabili anche dall'Italia: l'intento è aiutare il lettore, che vorrà cimentarsi nella caccia alle eclissi, a orientarsi nella ricerca dei luoghi di osservazione, analizzando le probabilità di coronare di successo la spedizione grazie alla conoscenza delle circostanze dell'evento. Per un elenco di tutti gli eventi osservabili si faccia sempre riferimento alle tabelle 1.1 e 2.1 che riportano tutti gli eventi di Sole e di Luna fino all'anno 2050.

Per ogni eclisse di seguito descritta, riportiamo le regioni che attraversa e poniamo l'accento alle occasioni di osservazione dal suolo italiano (se il fenomeno è visibile); tutti i dati delle eclissi osservabili dal nostro Paese, ove non diversamente specificato, si riferiscono a una località posta a 42° di latitudine nord (all'incirca la latitudine di Roma), mentre i tempi di tutti gli eventi sono espressi in TU (Tempo Universale, ora di Greenwich).

4.1 Italia 2015 (eclisse parziale di Sole)

Il primo evento della rassegna è un'eclisse totale di Sole, visibile come parziale dal nostro Paese, che rende omaggio alla lontana cugina del 15 febbraio 1961, appartenente al Saros 120 (si tratta dell'eclisse numero 61 della serie che ne conta 71): dopo aver incontrato l'Italia cinquant'anni fa, l'eclisse è tornata sul Canada nel 1979 e, dopo un ulteriore Saros, è giunta in Asia. Proseguendo nel suo lento cammino verso nord, la prossima fascia di totalità del Saros 120 sarà posizionata in prossimità del Circolo Polare Artico, evento che si produrrà il giorno 20 marzo 2015 (Fig. 4.2) e interesserà prevalentemente l'Oceano Atlantico e il Mar Glaciale Artico. L'Italia, ben distante dal corridoio di totalità, assisterà solo a un evento parziale con una magnitudine compresa fra il 50% nelle regioni meridionali e il 70% nel Settentrione, attorno alle 9h 30m TU. La totalità, invece, inizierà sulle acque a sud della Groenlandia e curverà velocemente verso nord sfiorando l'Islanda, proseguendo poi direttamente verso il Polo; soltanto due piccoli lembi di terraferma saranno attraversati dall'ombra lunare (si noti, dalla Fig. 4.2, come la fascia di totalità sia molto ampia in larghezza, arrivando a misurare ben 460 km): i fortunati luoghi sono le isole Faroe, sopra l'Inghilterra, e le isole Svalbard, un piccolo arcipelago del Mar Glaciale Artico posto all'estremo nord della Siberia. Dato il periodo dell'anno in cui l'evento si svolge, le possibilità

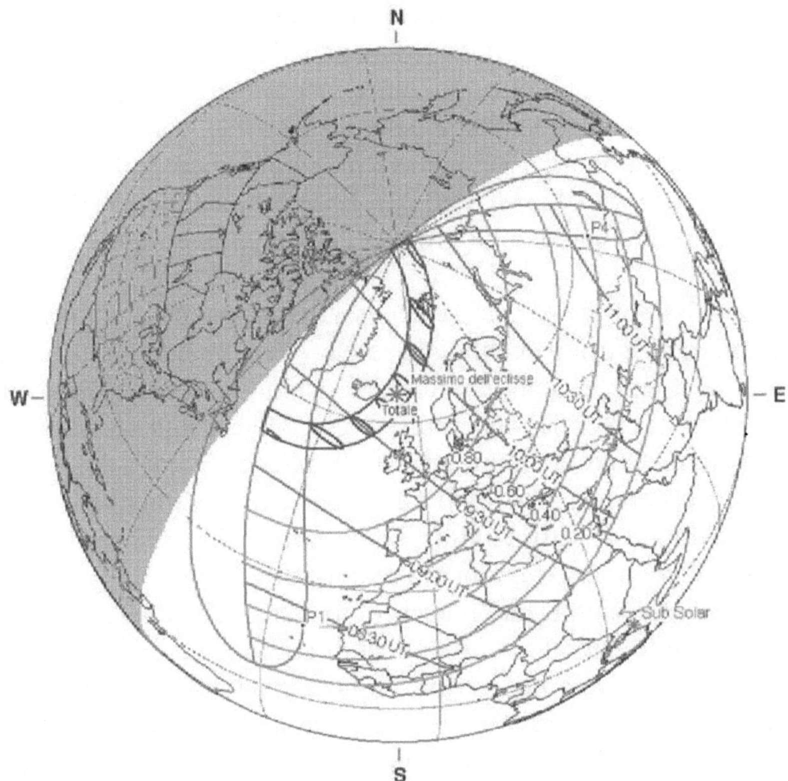

Figura 4.2. 20 marzo 2015, eclisse totale di Sole. Sarà visibile come parziale dall'Italia, mentre la fascia di totalità passerà a ridosso delle regioni artiche. Quest'eclisse fa parte del Saros 120, lo stesso ciclo che ha portato la fascia di totalità sull'Italia il 15 febbraio 1961. (cortesia di Fred Espenak, NASA/GSFC)

di osservazione sono abbastanza ridotte; le isole Faroe sono normalmente caratterizzate da frequenti piogge e venti forti, mentre l'arcipelago delle Svalbard, essendo così prossimo alle regioni polari, offre temperature ben al di sotto dello zero e con nevicate abbastanza frequenti, anche se non sono da escludere improvvise schiarite; chi volesse tentare un'osservazione in questi territori deve essere conscio che la probabilità di insuccesso è abbastanza alta e che dovrà procurarsi l'equipaggiamento necessario a fronteggiare rigide condizioni climatiche.

Con la fascia di totalità che non attraversa luoghi accessibili o comodamente raggiungibili, possiamo accontentarci di osservare l'evento dal nostro Paese: le statistiche meteo non sono particolarmente incoraggianti, poiché l'inizio della primavera è sempre caratterizzato da una temperatura piuttosto mite, ma accompagnata da piogge, anche se non sono da escludere giornate serene (con maggiore probabilità nelle regioni meridionali) o con nuvolosità trascurabile; l'eclisse è parziale e il calo di luce ambientale sarà appena avvertibile, pertanto la brillante falce solare si potrà osservare anche attraverso strati di nuvole, purché non troppo dense o compatte.

L'evento ha inizio appena prima delle 8h 30m TU, con il Sole che si presenterà a un'altezza di circa 30° sopra l'orizzonte, mentre il massimo oscuramento si produrrà verso le 9h 30m TU. Poco prima delle 11h il disco solare si libererà definitivamente della presenza della Luna e l'evento sarà terminato.

Per osservare l'eclisse parziale è necessario dotarsi degli appositi occhialini protettivi; non si usino occhiali da sole o vetri da saldatore poiché, questi ultimi, non proteggono adeguatamente l'occhio e si potrebbero riportare danni alla vista. L'osservazione risulterà più interessante se, quel giorno, il disco del Sole presenterà alcuni gruppi di macchie solari, così da poterne osservare al telescopio la progressiva scomparsa dietro alla Luna; utilizzando un telescopio dotato di filtro H-alfa, si potranno vedere distintamente le protuberanze, i filamenti e le regioni attive del Sole.

Per chi non volesse utilizzare il telescopio, la ripresa dell'eclisse si effettua impiegando obiettivi *zoom*, ricordandosi di equipaggiare la propria fotocamera di un filtro solare autocostruito, in modo da poter riprendere la lenta avanzata della Luna; se si possiede una buona dimestichezza con i programmi di fotoritocco, unire in un'unica immagine i vari scatti della parzialità regalerà un risultato molto suggestivo, oppure si può creare una bella animazione *time-lapse* (in Rete si trovano molti programmi gratuiti che permettono di creare questo genere di filmati) che mostra il costante spostamento della Luna sul Sole ripreso a intervalli di un paio di minuti l'uno dall'altro: in questo modo si può creare un'animazione di tutta l'evoluzione dell'eclisse, dal Primo Contatto fino all'uscita di scena della Luna.

4.2 Italia 2015 (eclisse totale di Luna)

Anche se l'Italia non è fra i paesi meglio favoriti, l'osservazione dell'eclisse totale di Luna del 28 settembre 2015 (eclisse numero 28 delle 81 del Saros 137) è un appuntamento da non perdere; analizzando la cartina geografica riportata già nel capitolo 2, che qui riproponiamo per comodità del lettore, si vede come il fenomeno si presenterà completo nelle Americhe (è esclusa la parte nordoccidentale dell'America settentrionale), in Africa (nella sola porzione occidentale) e in Europa Occidentale; i punti di miglior visibilità, dove l'eclisse si svolge con la Luna alta nel cielo, sono il Brasile e gli stati africani che si affacciano sull'Oceano Atlantico. L'Italia deve accontentarsi poiché si trova a intersecare il confine dell'istante P4, quindi la Luna eclissata si presenterà prossima al tramonto: la buona notizia è che l'evento si manifesta praticamente completo anche nel nostro Paese, sebbene si consumi

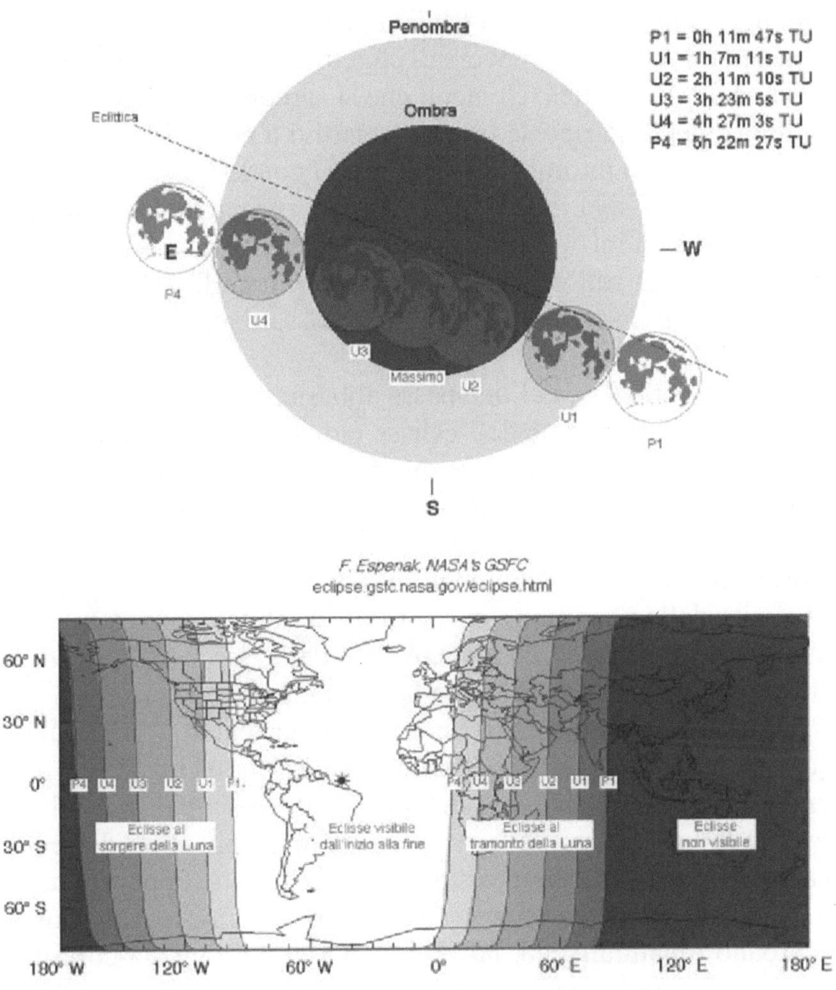

Figura 4.3. 28 settembre 2015, eclisse totale di Luna. L'Italia, pur non essendo particolarmente favorita, potrà osservare tutta l'eclisse, con la totalità che si svilupperà nella seconda parte della notte. Sud America orientale e Africa occidentale sono i territori del pianeta a cui l'evento offre la miglior visibilità. (cortesia di Fred Espenak, NASA/GSFC)

nella seconda parte della notte e con la Luna molto bassa sull'orizzonte ovest. Per le regioni nordoccidentali della penisola e la Sardegna, la Luna tramonterà pochi minuti dopo l'uscita dalla penombra, pertanto questi luoghi potranno assistere all'evento dall'inizio alla fine; i territori del nord-est, del centro e del sud osserveranno tutta la parzialità in uscita, ma la Luna tramonterà ancora immersa nella penombra, con l'alba che sopraggiunge a ritmo incalzante.

La notte dell'eclisse, la Luna si troverà proiettata nella costellazione dei Pesci, in una porzione di cielo povera di oggetti celesti interessanti e lontana dalla striscia della Via Lattea, elementi che si sarebbero rivelati utili per arricchire ulteriormente le riprese tramite obiettivi a corta focale. L'ingresso in penombra è previsto intorno alle 0h 15m TU con la Luna a 45° sull'orizzonte; nell'ora successiva il satellite transiterà completamente all'interno della penombra e darà inizio alla fase parziale verso la 1h 05m TU del mattino (Luna a 38° circa sull'orizzonte) e, un'ora più tardi, la totalità avrà finalmente inizio, con il satellite che si sarà abbassato a una trentina di gradi sopra l'orizzonte ovest.

L'evento non è centrale e la Luna passa abbastanza lontano dal centro del cono d'ombra: la magnitudine dell'eclisse è di 1,2764, così la durata della totalità risulta contenuta (1h 11m) e questa fase terminerà intorno alle 3h 20m TU del mattino. La Luna si libererà completamente dall'oscurità poco prima delle 4h 30m TU, mentre si sarà ulteriormente abbassata ad appena 18° sull'orizzonte: da questo momento in poi, e per tutta l'ora successiva, inizierà l'uscita dalla penombra, che sarà osservabile completamente solo dalle regioni nordoccidentali della penisola e dalla Sardegna, mentre per il resto del Paese l'eclisse terminerà con la Luna già sotto l'orizzonte.

Condizioni meteo permettendo, l'occasione per tentare l'osservazione è comunque ottima. Tutta la totalità si svolge con la Luna a circa 25° di altezza, il che rende meno nitida la ripresa della Luna al telescopio (essendo bassa sull'orizzonte la luce lunare deve attraversare molti più strati di atmosfera rispetto a quando si trova alta in cielo), ma offre ghiotte opportunità di immortalare l'eclisse con il paesaggio circostante: inserire la Luna rossa nel contesto urbano o naturalistico, utilizzando obiettivi a media-corta focale, permetterà di ottenere immagini suggestive. Non dimentichiamo che, oltre alle foto, l'uso del binocolo (come per ogni eclisse di Luna) è indispensabile per gustare le sfumature di colore e l'avanzata dell'ombra che tinge di rosso il satellite.

4.3 Stati Uniti 2017 (eclisse totale di Sole)

Il giorno 21 agosto 2017 il Saros 145, lo stesso che produsse l'eclisse europea dell'11 agosto 1999, tornerà a incantare milioni di osservatori intersecando da una costa all'altra gli Stati Uniti d'America; essendo già passato 18 anni prima sull'Europa, l'Italia è completamente esclusa dall'evento.

La fascia di totalità (eclisse numero 22 su un totale di 77), ampia poco meno di 100 km, inizierà lambendo le acque del Pacifico all'alba, quando sarà ancora distante quattromila chilometri dalla costa, e si tufferà sul continente nordamericano dopo circa 1h 30m. Il primo Stato che assisterà al magico fenomeno, con la corona solare visibile per 2m, sarà l'Oregon, alle 17h 17m TU: la città

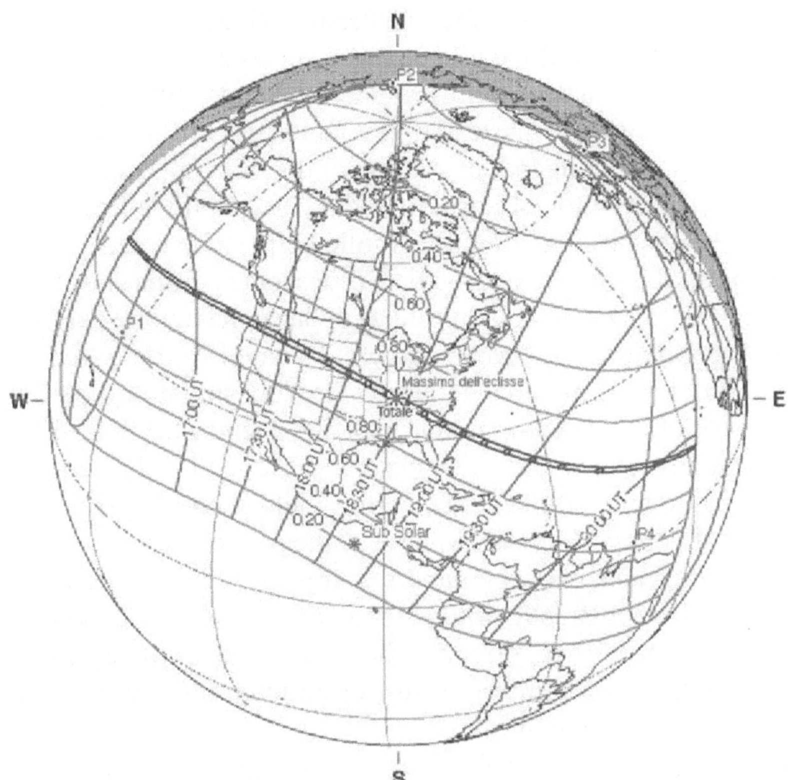

Figura 4.4. 21 agosto 2017, eclisse totale di Sole. Si tratta dell'eclisse sorella di quella europea di fine millennio. Invisibile dall'Italia, l'evento si svolge prevalentemente in America Settentrionale, con la fascia di totalità che taglia trasversalmente gli Stati Uniti. Le condizioni meteo favorevoli lungo la fascia rendono questo evento assolutamente imperdibile! (cortesia di Fred Espenak, NASA/GSFC)

di Newport assisterà al Sole nero mentre Portland sarà quasi sfiorata dal corridoio di totalità, rimanendone comunque all'esterno; dopo circa 8m, l'eclisse entrerà nell'Idaho, sconfinando nel Wyoming 9m dopo e attraversandolo quasi lungo la diagonale. Alle 17h 48m TU saranno gli abitanti del Nebraska a essere investiti dall'ombra, mentre la durata dell'evento aumenterà progressivamente; Lincoln, la città capitale, sarà sul margine nord della totalità e potrà vedere il Sole completamente nascosto dalla Luna.

Lanciata a migliaia di chilometri orari, l'ombra proseguirà nel Missouri, avvicinandosi sempre più al punto di massima durata: Kansas City sarà parzialmente inglobata all'interno del buio corridoio, mentre città come Jefferson City e Portland vi si troveranno completamente immerse.

Il punto in cui il Sole rimarrà coperto più a lungo si trova nello Stato immediatamente adiacente, il Kentucky, luogo in cui la totalità raggiunge i 2m

40s; superato l'apice, l'eclisse fuggirà verso il Tennessee e lo attraverserà completamente, affrontando le ultime tappe sul continente, ovvero una piccola porzione meridionale della Carolina del Nord e tutta la Carolina del Sud, oscurando la città di Charleston; lasciata la costa, l'ombra sorvolerà le acque dell'Atlantico spingendosi a meno di duemila chilometri dalla costa africana, dove il tramonto del Sole l'attenderà, segnando la fine dell'evento.

Nel cielo reso oscuro dalla totalità, molte delle stelle e dei pianeti si renderanno visibili: il Sole nero adorno dell'iridescente corona si troverà a poca distanza da Regolo, la stella più luminosa della costellazione del Leone, che con ogni probabilità si riuscirà a scorgere; i pianeti Marte e Venere brilleranno a ovest del Sole, mentre Mercurio si troverà sul lato est dell'astro. Se l'oscuramento durante la totalità sarà cospicuo, anche altre stelle come Sirio, nel Cane Maggiore, la rossa Betelgeuse, in Orione, e la brillante Capella, nell'Auriga, si faranno strada nel tenebroso cielo oscurato dalla Luna.

In generale, l'eclisse si renderà visibile come parziale da tutto il continente nordamericano (Alaska e Groenlandia comprese), dall'America Centrale fino a buona parte del Brasile, interessando all'alba anche le isole Hawaii e spingendosi fino in Europa, dove il Sole sarà parzialmente eclissato al tramonto in Islanda e in Inghilterra (qui l'oscuramento è molto esiguo, solo l'1,5% e il 3% rispettivamente).

Grazie al mese favorevole e al clima generalmente buono lungo tutta la fascia di totalità, le probabilità di osservazione sono abbastanza elevate; l'evento potrà essere un'ottima occasione per organizzare una vacanza Oltreoceano, tenendo sempre ben presente però che il clima può giocare brutti scherzi anche all'ultimo momento: come regola generale, lo abbiamo detto più volte, è bene consultare i siti meteo degli Stati in cui s'intende compiere l'osservazione, valutando quale fra questi offre la migliore opportunità di successo. A livello logistico, grazie ai grandi spazi in cui lo spettacolo si svolge, si può considerare l'eventualità di uno spostamento all'ultimo minuto, se le previsioni meteo per il luogo prescelto non fossero del tutto favorevoli. Considerando il periodo estivo dell'anno e i luoghi di interesse turistico attraversati dall'evento, è quasi certo che moltissime persone provenienti da tutto il mondo si sposteranno in queste zone, distribuendosi lungo la fascia di totalità, ma cercando comunque di rimanere il più vicino possibile al punto di massima durata: si raccomanda, pertanto, di viaggiare preparati a incontrare una vera e propria invasione di astrofili; si tenga presente che quando un evento spettacolare come un'eclisse attraversa un territorio densamente popolato si può facilmente incappare in imprevisti di vario tipo, come improvvisi congestionamenti del traffico automobilistico locale, causati soprattutto dallo stupore generale e dal modificarsi delle condizioni di illuminazione ambientale.

Con queste circostanze così favorevoli, vivere e fotografare l'eclisse si rivelerà molto semplice: l'incontro fra il Sole e la Luna avviene con i protagonisti molto alti nel cielo (nel punto di massima durata la loro altezza sarà di ben 60°!), pertanto non mancheranno le occasioni per registrare i fini dettagli coronali al telescopio oppure, impiegando obiettivi a largo campo, per riprendere i pianeti e le stelle più luminose attorno al Sole eclissato insieme al tramonto che abbraccia l'orizzonte. Lo spettacolo, dunque, è assicurato.

4.4 Spagna 2026 (eclisse totale di Sole)

Con la prossima eclisse totale italiana lontanissima nel tempo, se si desidera osservare almeno una volta il Sole nero è necessario spostarsi in territori molto distanti dal Paese, che richiedono la pianificazione e l'organizzazione di un viaggio finalizzato a questo scopo; chi, invece, desidera armarsi di pazienza e attendere un evento totale più comodo da raggiungere, potrà cogliere l'occasione del 12 agosto 2026, quando l'ombra della Luna tornerà fugacemente in Europa, baciando la Spagna al tramonto.

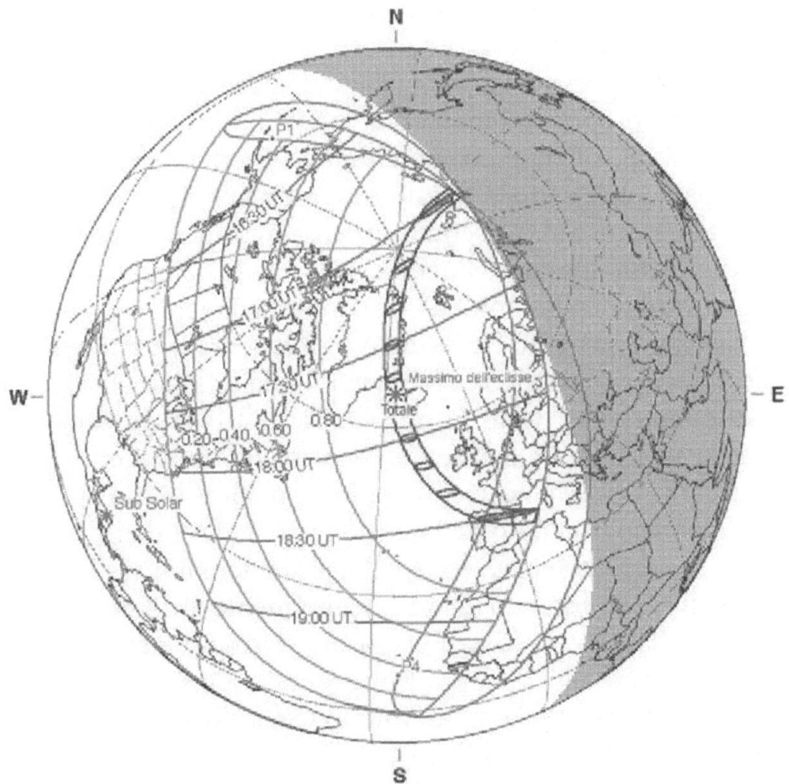

Figura 4.5. 12 agosto 2026, eclisse totale di Sole. Il fenomeno è invisibile dall'Italia, ma può essere osservato al tramonto da una ristretta regione della penisola iberica. La Groenlandia è il territorio favorito. (cortesia di Fred Espenak, NASA/GSFC)

L'eclisse, la numero 48 del Saros 126, inizia all'alba a nord della Siberia e attraversa le fredde acque del Mar Glaciale Artico, sfiorando di pochissimo il Polo Nord geografico; essendo così a ridosso del Polo, il corridoio di totalità si presenta molto esteso in larghezza (circa 300 km) e relativamente poco in lunghezza, descrivendo un arco molto curvo all'interno del quale l'ombra lunare si muove rapidamente.

Abbandonato il Mar Glaciale Artico, l'eclisse sbarca in Groenlandia (sulla costa orientale) e, poco dopo, interseca la parte occidentale dell'Islanda, luogo dove esibisce la massima durata di 2m 18s, prima di cambiare traiettoria e puntare sull'Europa, giungendo in Spagna al tramonto. Qui, solo una piccola porzione dei territori iberici nordoccidentali potranno osservare l'evento nella sua completezza, con il quarto contatto che avviene con il Sole che s'approssima a scomparire sotto l'orizzonte: la maggior parte del territorio ispanico osserverà solo la parzialità in ingresso e la totalità, perdendo gran parte della parzialità in uscita, con il Sole appoggiato all'orizzonte e pronto a tramontare.

L'osservazione dalla Spagna si presenterà in ogni caso difficile, a causa della scarsa altezza che il Sole avrà sull'orizzonte: nelle migliori condizioni, ovvero nella piccola porzione nordoccidentale della penisola, l'astro sarà a soli 11° di altezza, proprio nel momento della totalità; pertanto si dovrà osservare da luoghi che offrono una panoramica libera in direzione del Sole, pena la scomparsa dell'astro eclissato dietro case, colline o altri elementi paesaggistici. Le riprese al telescopio saranno fortemente penalizzate; pertanto, si consiglia di fotografare l'eclisse utilizzando obiettivi a lunga focale (se si desidera riprendere la corona), oppure grandangoli o *fish-eye* per inserire l'eclisse nel paesaggio circostante e riprendere il tramonto e il cielo stellato che si renderà visibile nel momento della totalità.

Il cielo di quel giorno, visto in prossimità dell'Islanda, sarà arricchito dalla luminosa Venere a est del Sole e, a ovest, da tre pianeti posti in fila: Giove e Mercurio brilleranno vicini fra loro, mentre Marte si troverà più lontano. Il Sole sarà proiettato nella costellazione del Leone e le stelle luminose come Sirio, Betelgeuse e Capella, si renderanno visibili nel cielo; gli osservatori iberici vedranno un cielo leggermente differente, in cui il bel quadretto celeste sarà rovinato dall'esigua altezza del Sole: dei quattro pianeti, solo Venere sarà ancora sopra l'orizzonte, mentre nel cielo oscurato brilleranno altre stelle come la rossa Antares (Scorpione) e le fulgide Deneb (Cigno), Altair (Aquila) e Vega (Lira).

Vivere un'eclisse totale che si svolge vicino alla fine del giorno significa osservare i colori dell'ambiente mutare radicalmente nel corso della parzialità, passando dalle classiche tinte rosso-dorate del tramonto, ai colori cupi della notte avanzata, con molte stelle più o meno luminose che risplendono nel cielo debolmente rischiarato dalla corona del Sole, fino a quando il Terzo Contatto lascerà nuovamente spazio alla penetrante luce solare: sarà allora che un nuovo e più intenso tramonto tornerà a colorare il cielo delle tinte che tutti conosciamo e cancellerà, solo per poche decine di minuti ancora, tutte le stelle dal cielo, in attesa che sopraggiunga la notte vera.

4.5 Mar Mediterraneo 2027 (eclisse totale di Sole)

La trentottesima eclisse appartenente al Saros 136 attraverserà lo Stretto di Gibilterra il 2 agosto 2027, offrendo un'altra comoda opportunità agli osservatori italiani per fare conoscenza con il Sole nero.

Dopo aver oscurato la Cina e l'Oceano Pacifico a sud del Giappone il 22 luglio 2009, il Saros 136 tornerà con un nuovo appuntamento, favorendo i territori nordafricani,e il Medio Oriente. Nuovamente, il suolo ita-

Figura 4.6. 2 agosto 2027, eclisse totale di Sole. Sarà visibile come parziale dall'Italia e la sua fascia di totalità passerà a una ventina di chilometri dall'isola di Lampedusa. Gli stati dell'Africa che si affacciano sul Mediterraneo sono i territori favoriti per la sua osservazione. (cortesia di Fred Espenak, NASA/GSFC)

liano non sarà interessato dal corridoio di totalità, anche se l'ombra arriverà quasi a sfiorare l'isola di Lampedusa: in un certo senso possiamo affermare che quest'eclisse totale è molto più italiana di tante altre, essendo la sola che porta, prima del 2081, una fascia di totalità vicina al nostro Paese.

Il Sole sorgerà eclissato nel centro dell'Atlantico, proprio all'altezza dei Caraibi: poco prima delle 9h 00m TU l'ombra lunare sarà arrivata sullo stretto di Gibilterra, tagliandolo perfettamente a metà, mentre le città di Cadice, Malaga e ovviamente Gibilterra, esulteranno di meraviglia; la porzione settentrionale del Marocco assisterà all'oscuramento completo, anche se luoghi come Casablanca o Marrakech vivranno solo un evento parziale. L'ombra s'inoltrerà poi in Algeria, sfiorandone la capitale; è quindi il momento della Tunisia, tagliata in due dall'avanzata dell'ombra che si getterà rapida sulle acque del Mediterraneo, mancando per poche decine di chilometri la nostra Lampedusa; in Libia, la città di Tripoli sarà quasi accarezzata dalla totalità (essa passerà radente alla costa, mantenendosi per lo più sulle acque), mentre Bengasi si troverà proprio sulla linea di centralità. L'eclisse raggiungerà quindi il punto di massima durata, situato in Egitto, dove il Sole rimarrà coperto per ben 6m 23s e ciò avverrà quasi al centro del Paese.

Abbandonati i deserti egiziani, si assisterà a una rapida sorvolata del Mar Rosso e l'ombra farà visita all'estremo sud dell'Arabia Saudita, sfiorando poi l'estremo nord della Somalia per perdersi infine nelle acque dell'Oceano Indiano; qui, a 1500 km dall'Indonesia, il tramonto del Sole concluderà la corsa dell'ombra lunare.

Nel cielo, reso temporaneamente oscuro, una corte di pianeti saluterà l'apparizione della corona solare: a est, Giove brillerà vicino alla luminosa Regolo (Leone), mentre a ovest, nelle immediate vicinanze della stella, splenderà Venere; più in là ci saranno Mercurio e, ancor più lontano, Saturno. Fra le stelle che si mostreranno visibili ricordiamo nuovamente Sirio, Capella e Betelgeuse.

A livello meteorologico, ancora una volta, la fascia di totalità transita in regioni dove la situazione si preannuncia favorevole praticamente ovunque; sicuramente i 6 minuti di totalità, oltre a strappare grida di meraviglia, regaleranno un fresco refrigerio a tutti coloro che tenteranno di sfidare il potente caldo nordafricano di agosto, soprattutto nelle zone in cui l'eclisse esibisce la massima durata (territori prossimi al mezzogiorno locale con il Sole molto alto nel cielo).

L'Italia, come abbiamo già detto, assisterà a un evento parziale: la Sicilia osserverà un oscuramento prossimo al 90%, magnitudine che decresce via via che si compie l'osservazione da latitudini più elevate. Mentre a Roma il Sole sarà oscurato per circa l'80%, nelle regioni settentrionali l'astro si mostrerà nascosto per oltre la metà, ma stelle e pianeti non saranno in alcun modo visibili.

Coloro che non sono interessati ad affrontare il viaggio per ammirare questo evento potranno comunque godere di una bella eclisse parziale che si svolgerà intorno alle 10h–10h 30m, con il Sole già alto sull'orizzonte; l'osservazione della fase parziale risulterà molto curiosa in quanto la curvatura del profilo lunare sarà decisamente meno pronunciata di quella del disco del Sole, a riprova del fatto che il nostro satellite avrà un diametro apparente ben più grande di quello solare: per questo motivo, nei territori ove l'eclisse si presenta come totale, essa esibisce una durata importante.

Si tenga comunque a mente che le eclissi di durata così cospicua sono abbastanza rare e che sei minuti di Sole nero sono una vera eternità per l'osservatore che si lascia investire dall'ombra lunare: quest'opportunità, pertanto, è assolutamente da non perdere!

4.6 Italia 2029 (eclisse totale di Luna)

Pochi giorni prima di Natale, la sera del 20 dicembre 2029, il Saros 135 regalerà alle regioni italiane un'ottima opportunità per osservare un'eclisse totale di Luna (la numero 24 di 71), spettacolo che si consumerà con il satellite molto alto nel cielo invernale e in condizioni agevoli di orario.

L'evento di penombra ha inizio intorno alle 19h 40m TU con la Luna a circa 45° sull'orizzonte; trascorsa un'ora, la fase parziale d'ombra avrà inizio e l'immersione completa della Luna si verificherà attorno alle 22h 15m TU, quando il nostro satellite splenderà in cielo a 70° di altezza: una vera pacchia per chi vorrà fotografare con il telescopio la fase totale, che durerà 53m 40s; a quel punto inizierà l'eclisse parziale in uscita (alle 23h 10m TU) e, dopo circa due ore, anche l'uscita dalla penombra sarà completa (alle 1h 35m TU), mentre la Luna si sarà abbassata a 55°.

La Luna si troverà a nord della costellazione di Orione, appena oltre la parte terminale delle corna del Toro, molto vicina alla Via Lattea invernale che, seppur meno luminosa e meno spettacolare di quella estiva, rimane comunque un ottimo elemento celeste da includere nelle fotografie; ad arricchire il panorama notturno contribuirà Saturno, anche se si troverà a grande distanza dal luogo dell'evento e quindi potrà essere immortalato solo se si impiegano obiettivi grandangolari a corta focale. Si possono tentare previsioni sul grado di scurezza di quest'eclisse, anche se non dobbiamo dimenticare che i fattori atmosferici possono sovvertire qualsiasi pronostico; quasi sicuramente l'eclisse si presenterà di un bel colore rosso acceso e discretamente brillante, poiché nessuna parte del disco lunare transita sopra il centro del cono d'ombra (l'eclisse non è centrale e si mantiene abbastanza vicina al bordo del cono d'ombra terrestre).

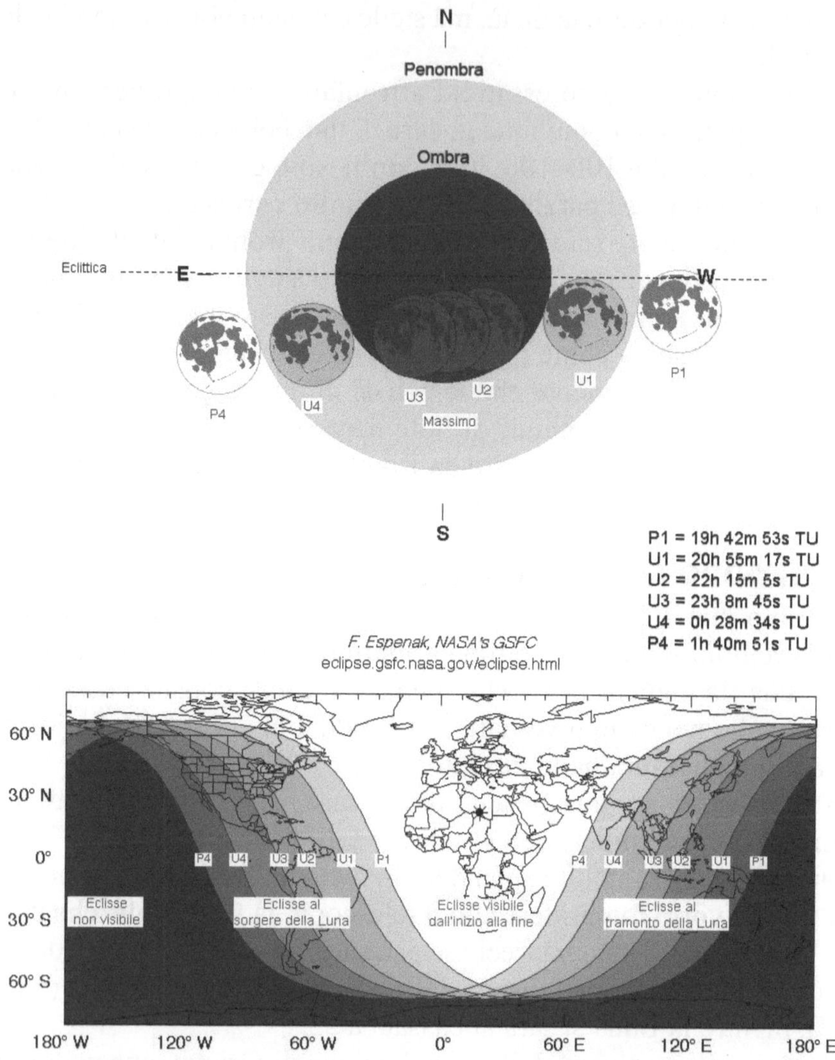

Figura 4.7. 20 dicembre 2029, eclisse totale di Luna. L'Italia è fra i territori meglio esposti a questo evento, e vedrà la Luna rossa molto alta nel cielo della notte: unica incertezza sarà la situazione meteo, che per il mese di dicembre non si annuncia particolarmente favorevole. (cortesia di Fred Espenak, NASA/GSFC)

Potrebbe disturbare le osservazioni il tempo atmosferico, dato che il periodo dell'anno non è particolarmente propizio per il nostro Paese; pertanto si dovrà confidare nella fortuna. In alternativa, si può decidere di osservare in un luogo differente (affrontando però un viaggio all'estero), scegliendo fra uno qualsiasi degli Stati africani, europei o del Medio Oriente interessati all'evento; le condizioni osservative sono ottimali in qualunque luogo si vada.

4.7 Asia 2030 (eclisse anulare di Sole)

Ogni eclisse, totale o anulare che sia, è sempre un'ottima opportunità per compiere un bel viaggio e questa volta l'ombra della Luna attraverserà città affascinanti e storicamente interessanti come Tripoli, Atene e Istanbul. Il 1° giugno 2030 un'eclisse anulare di Sole (la numero 59 appartenente al Saros 128) si spingerà attraverso l'Asia, iniziando all'alba al centro dell'Algeria e terminando al largo del Giappone, in pieno Oceano Pacifico.

Dopo aver attraversato il deserto algerino e aver intercettato il Marocco meridionale, la città libica di Tripoli assisterà all'anello di Sole al mattino presto; quasi subito dopo, l'isola di Malta verrà tagliata a metà dalla fascia di anularità (la capitale della piccola isola assisterà all'evento) che proseguirà rapida fino alla Grecia, dove sarà perfettamente visibile da Patrasso, Olimpia e Atene; la fascia di centralità passerà poi lungo le acque dello stretto dei Dardanelli fino al Bosforo, dove incontrerà la suggestiva Istanbul e proseguirà verso nord-est attraversando il Mar Nero. In seguito, i territori interessati saranno la Russia e il Kazakhstan,

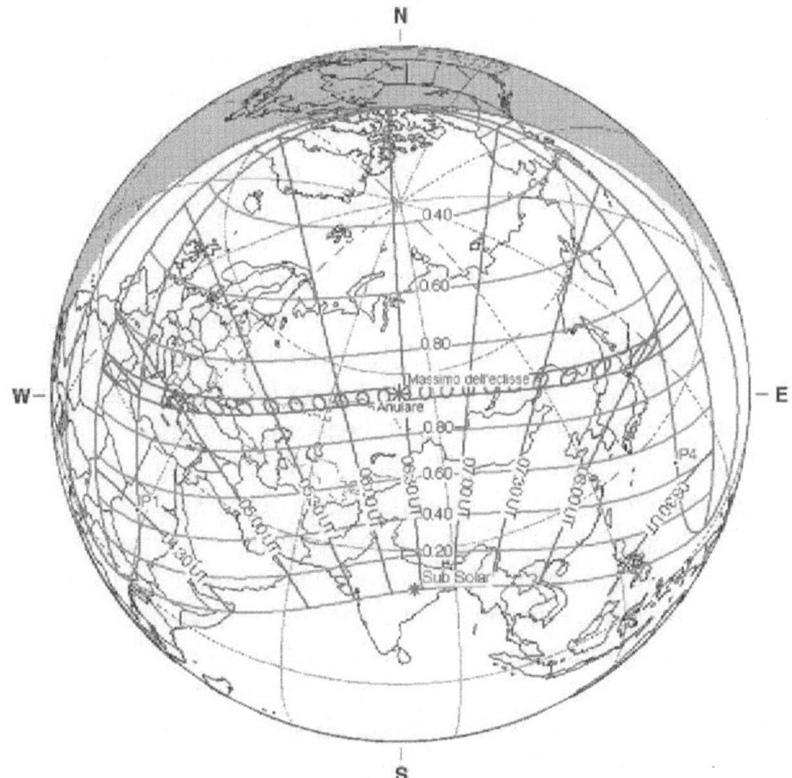

Figura 4.8. 1° giugno 2030, eclisse anulare di Sole. Sarà visibile dall'Italia come parziale, all'alba. Le regioni favorite vanno dalla Grecia al Giappone attraverso il Mar Nero e tutta l'Asia. Chi osserverà la parzialità dal nostro Paese, potrà notare l'accentuata curvatura del disco della Luna. (cortesia di Fred Espenak, NASA/GSFC)

mentre l'ombra salirà ancora verso nord per sconfinare in Siberia (sfiorando No-vosibirsk e passando qualche centinaio di chilometri a nord della Mongolia). Quasi esattamente al centro del grande continente asiatico l'eclisse esibirà la sua durata massima, pari a 5m 20s, e da qui proseguirà sfociando per un breve tratto in Cina (nella parte più settentrionale) fino a investire l'isola giapponese di Hok-kaido sul far del tramonto. Lasciato il Giappone, il terminatore terrestre incontrerà l'ombra della Luna un migliaio di chilometri a est della costa, sopra le acque dell'Oceano Pacifico.

L'osservazione dell'evento risulta ancora una volta agevole e in un periodo dell'anno in cui, almeno per la porzione europea, il bel tempo domina quasi ovunque sulla fascia di anularità; tutti coloro che osserveranno la fase parziale al telescopio (sia dentro che fuori il corridoio in cui l'evento è completo), potranno notare come la curvatura del profilo lunare sia particolarmente accentuata, a ricordare che la Luna presenta un diametro apparente inferiore a quello del Sole e che non riuscirà a coprirlo completamente in nessun modo. La magnitudine dell'eclisse è 0,9442, pertanto l'anello di Sole che rimarrà scoperto sarà abbastanza consistente, con una ridotta attenuazione della luminosità ambientale; in condizioni simili, la corona solare non sarà visibile, né le stelle in cielo, e negli oltre cinque minuti in cui la Luna transita davanti al Sole, si potrà trovare il tempo per dare uno sguardo alle macchie di luce sotto gli alberi che sembreranno tanti anelli luminosi danzanti sul terreno al ritmo del vento; per chi avesse uno scolapasta a portata di mano l'effetto sarà curioso e strabiliante al tempo stesso.

4.8 Italia 2037 (eclisse parziale di Sole)

Nell'epoca attuale, il Saros 122 s'approssima a terminare e il 16 gennaio 2037 produrrà un'eclisse parziale di Sole visibile anche dal nostro Paese; questo ciclo di eclissi ha avuto l'ultima totale il 10 ottobre 1874 e da quel momento in poi ogni eclisse parziale ha avuto una magnitudine sempre inferiore alla precedente: l'ultima eclisse del ciclo, la numero 70, che avverrà il 17 maggio 2235 nei pressi del Polo Nord, decreterà la conclusione definitiva del Saros 122.

L'evento del 16 gennaio 2037 è il numero 59 (su 70) e si svilupperà al mattino presto, con l'Italia che osserverà una magnitudine compresa fra il 40% e il 60%; tutta l'Europa, la parte settentrionale dell'Africa e le regioni del Medio Oriente e dell'Asia occidentale potranno assistere al fenomeno, mentre il punto di miglior visibilità (ovvero il luogo dove la frazione di Sole occultato è la massima possibile) si trova nelle estreme regioni settentrionali della penisola scandinava.

Per l'osservatore italiano, il Primo Contatto avverrà attorno alle 8h 00m TU del mattino, con il Sole a 11° sull'orizzonte; dopo circa un'ora si avrà la fase di massimo oscuramento e prima delle 11h 00m l'evento sarà concluso, quando la Luna si distaccherà dal disco solare. Tutta l'eclisse sarà un fenomeno rapido e poco percettibile data l'esigua magnitudine, ma coloro che vi dedicheranno tempo

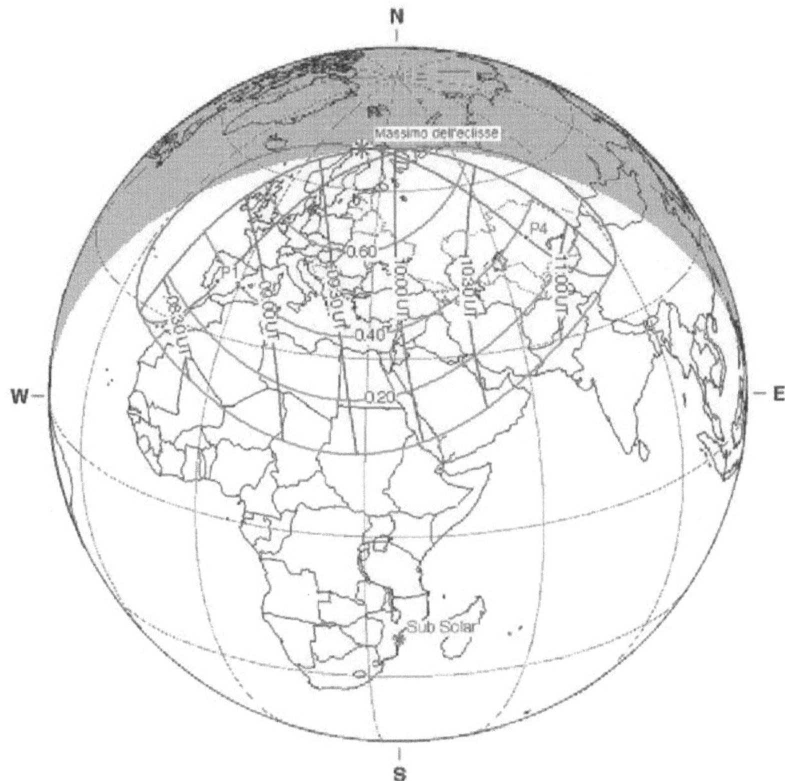

Figura 4.9. 16 gennaio 2037, eclisse parziale di Sole. Visibile dal nostro Paese, al mattino, questo evento è uno degli ultimi del Saros 122, che terminerà nel 2235. (cortesia di Fred Espenak, NASA/GSFC)

e si armeranno di telescopio potranno focalizzare la loro attenzione sull'avanzata della Luna sopra gli eventuali gruppi di macchie solari; per l'osservatore occasionale, invece, potrà essere una buona occasione per comporre alcune foto artistiche, inserendo il Sole eclissato in elementi del paesaggio circostante; se il tempo meteorologico non fosse favorevole, e la falce di Sole si mostrasse offuscata attraverso le nubi, si potranno eseguire fotografie anche senza il filtro solare.

4.9 Caraibi 2045 (eclisse totale di Sole)

Per coloro che il 2 agosto 2027 avessero mancato l'appuntamento con il Sole nero nel Mediterraneo, il 12 agosto 2045 avrà luogo, sulle isole caraibiche, un'altra eclisse appartenente allo stesso ciclo, il Saros 136; quest'ultimo è anche il padre della lunga eclisse di oltre sei minuti che il 22 luglio 2009 fu visibile in Cina e Giappone: mettendo in ordine questa sequenza di eclissi, tutte imparentate fra loro (luglio 2009, agosto 2027 e agosto 2045), risulta evidente come il Saros 136 stia continuando la sua lenta evo-

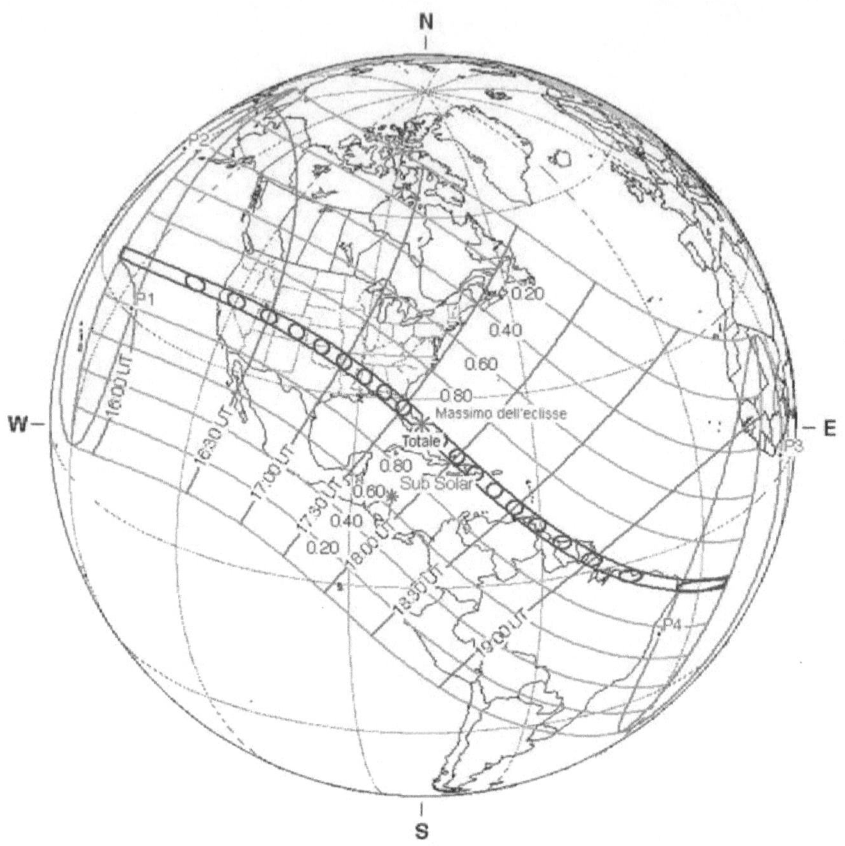

Figura 4.10. 12 agosto 2045, eclisse totale di Sole. Gli Stati Uniti, i Caraibi e parte dell'America Meridionale sono i territori in cui si snoda la fascia di totalità. Dall'Italia l'evento non è visibile. (cortesia di Fred Espenak, NASA/GSFC)

luzione e offra ancora eventi di durata importante: la totalità sui Caraibi, infatti, sarà di 6m 05s.

Similmente all'evento del 2017 negli USA (sebbene queste due eclissi non siano imparentate fra loro poiché appartengono a Saros differenti), l'ombra lunare incontrerà la Terra all'alba sulle acque dell'Oceano Pacifico, avanzando fino a incontrare la costa occidentale degli Stati Uniti ed entrando nella porzione settentrionale della California; le grandi città di San Francisco e Las Vegas saranno mancate dalla totalità, poiché la fascia transiterà ben più a nord.

Poco prima delle 16h 30m TU saranno gli Stati del Nevada e dello Utah a essere interessati dall'oscurità e Salt Lake City si troverà parzialmente attraversata dal corridoio di buio; lo Stato successivo in cui l'ombra darà spettacolo è il Colorado, con la città di Denver a un passo dalla totalità, mentre

Colorado Springs si troverà nei pressi della linea in cui l'evento è centrale.

Procedendo verso est, attorno alle 17h 00m TU, l'eclisse transiterà rapidamente dal New Mexico, dal Texas, dal Kansas e dall'Oklahoma. Wichita (Kansas) sarà sul bordo nord del corridoio, Oklahoma City (Oklahoma) si troverà al limite sud, mentre Tulsa (Oklahoma) vivrà l'evento vicino alla linea di centralità. Subito dopo, sarà la volta dell'Arkansas (a Little Rock la totalità è ben visibile), poi l'ombra sfiorerà un angolo della Louisiana ed entrerà nel Mississippi, colpendo in pieno Jackson.

Lanciata a migliaia di chilometri all'ora, l'ombra fuggirà verso l'Alabama (dove incontrerà Montgomery) e si spingerà oltre il Golfo del Messico fino a intercettare la Florida (sfiorando in piccola parte la Georgia): sulla penisola tropicale, la città di Orlando si troverà vicino alla linea centrale, mentre Tampa, Miami e Fort Lauderdale saranno vicinissime al confine sud, comunque comprese all'interno del maestoso spettacolo.

L'eclisse abbandonerà il continente nordamericano, raggiungendo il punto sulle acque dove sfoggerà l'apice di durata, per incontrare subito dopo la Repubblica Dominicana e Haiti, dribblando sia Puerto Rico che l'isola di Cuba. La città di Santo Domingo avrà la fortuna di trovarsi a stretto contatto con la linea di centralità.

Lasciate rapidamente le isole dal Mar delle Antille, l'ombra costeggerà l'America del Sud, serpeggiando lungo il profilo del continente e attraversando il Venezuela, la Guyana (includendo Georgetown), il Suriname e la Guyana Francese; al suo arrivo in Brasile rasenterà il profilo della costa e si spingerà fin oltre la sporgente prominenza sull'Atlantico, procedendo verso est sulle acque dell'oceano: qui il fenomeno volgerà al termine, incontrando la linea del tramonto del Sole che calerà il sipario sul magico evento.

Pianificare la caccia di quest'eclisse richiederà notevole cura, soprattutto nella scelta del luogo osservativo adatto, in cui deve esserci garanzia di stabilità meteorologica: la fascia di totalità del 12 agosto 2045, infatti, attraversa buona parte del pianeta spostandosi di circa 40° in latitudine, che verranno percorsi da nord verso sud. Pertanto, lungo il tragitto dell'ombra s'incontrano situazioni climatiche molto differenti.

Nel continente nordamericano, mano a mano che ci si avvicina all'equatore e agli stati prossimi alla Florida, l'estate si preannuncia sempre più afosa, accompagnata da temporali improvvisi e violenti: all'inizio del corridoio di totalità le statistiche meteo sono decisamente più incoraggianti poiché è in questi luoghi che le estati risultano più fresche e con meno probabilità di pioggia. La penisola della Florida e le isole caraibiche, sebbene siano i territori in cui l'evento esibisce la massima durata, sono quelli che offrono la situazione meteo più preoccupante: agosto è il periodo degli uragani e degli acquazzoni tropicali, che potrebbero impietosamente rovinare tutto.

Ancora più a sud, la situazione non cambia di molto: anche la costa venezuelana esposta ai Caraibi è teatro di temporali quotidiani, concentrati nel periodo che va da maggio a novembre; procedendo verso il Brasile la situazione non migliora in maniera significativa, assestandosi su previsioni che annunciano estati abbastanza piovose sebbene caratterizzate da temperature miti.

Il cielo durante la totalità sarà arricchito dalla presenza di tre pianeti: Mercurio e Marte, a ovest, e Venere a est del Sole, che si troverà a brillare a quasi 80° dall'orizzonte (se osservato dal punto in cui l'eclisse mostra la massima durata): le stelle brillanti come Regolo, il gruppo delle più luminose di Orione, la rossa Aldebaran (Toro), Capella e Spica si accenderanno una dopo l'altra nel cielo oscurato dall'ombra lunare, fino a quando il Terzo Contatto non lascerà passare nuovamente la luce della stella. Ancora una volta, a causa della grande durata del fenomeno, il profilo del bordo lunare si presenterà meno incurvato rispetto a quello solare, indice del maggior diametro apparente che la Luna mostra in cielo durante la sua sovrapposizione con la stella.

4.10 Indonesia 2049 (eclisse ibrida di Sole)

Chiude questa rassegna di eventi l'eclisse ibrida del 25 novembre 2049, la venticinquesima del Saros 143.

Già il 3 novembre 2013, il Saros 143 regalerà all'Africa centrale la magia di un'eclisse di Sole ibrida (che sarà visibile come parziale solo dall'Italia centromeridionale con una magnitudine inferiore al 10%), poi tornerà nuovamente il 14 novembre 2031 sulle acque del Pacifico e si ripresenterà il 25 novembre 2049 sull'Indonesia.

Prima di descrivere nel dettaglio l'eclisse del 2049, soffermiamoci sulla storia del Saros 143, poiché è un esempio di ciclo in cui le eclissi evolvono lentamente da un tipo a un altro, passando da totali a ibride e infine ad anulari.

Il Saros 143 iniziò in Groenlandia il 7 marzo 1617 con una piccolissima eclisse parziale di Sole; procedendo attraverso i secoli, produsse il primo evento totale il 24 giugno 1797, il cui l'oscuramento durò meno di tre minuti; da quel momento tutte le successive undici eclissi iniziarono a mostrare una fascia di totalità sempre meno ampia. L'ultima di queste, transitata in India e in Indonesia il 24 ottobre 1995, aveva già un'ampiezza massima che raggiungeva a malapena gli 80 km.

Nel successivo appuntamento, il Saros 143 tornerà con una nuova eclisse di Sole (che avrà luogo il 3 novembre 2013) ma in quell'occasione gli allineamenti fra Terra, Luna e Sole saranno cambiati quel tanto che basta a impedire la formazione della fascia di totalità nelle regioni terrestri poste vicine all'alba e al tramonto.

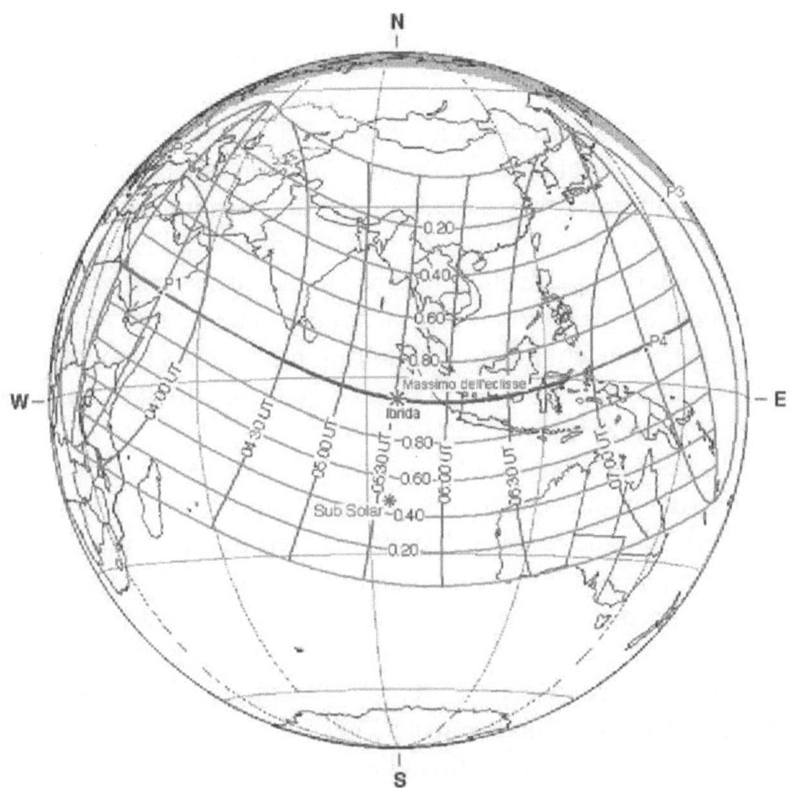

Figura 4.11. 25 novembre 2049, eclisse ibrida di Sole. La stretta fascia di centralità inizierà in Medio Oriente (come eclisse anulare) e si trasformerà in totale solo in prossimità dell'Indonesia, attraversandola. Poi l'eclisse diventerà di nuovo anulare, terminando sulle acque del Pacifico. È invisibile dall'Italia. (cortesia di Fred Espenak, NASA/GSFC)

Le tre eclissi successive saranno ancora di tipo ibrido e presenteranno una fascia di totalità via via più stretta in ampiezza e sempre meno sviluppata in direzione est-ovest, lasciando spazio al corridoio di anularità: l'eclisse rimane anulare per la maggior parte del suo tragitto sul pianeta, divenendo totale solo per un breve periodo di tempo, ovvero quando si avvicina ai territori a cavallo del mezzogiorno locale.

Dal 16 dicembre 2085 (eclisse numero 27) al 16 settembre 2536 (eclisse numero 52) la Luna esibirà sempre un diametro apparente più piccolo di quello solare: pertanto, si potranno produrre solo eclissi anulari; a partire dalla numero 53 fino alla 72, l'ultima, le eclissi torneranno a essere parziali, portandosi sempre più vicino al Polo Sud. Qui, il 23 aprile 2897, avrà luogo l'ultimo evento, che calerà il sipario sul Saros 143, produttore di tutte le possibili tipologie di eclissi di Sole.

L'eclisse indonesiana del 25 novembre 2049 inizierà nel centro del Mar

Rosso e, data la tipologia ibrida, si presenterà inizialmente come anulare: rimarrà tale anche mentre attraverserà l'Arabia Saudita e procederà verso l'Oceano Indiano, dove la curvatura terrestre inizierà ad avvicinare l'osservatore alla Luna; in conseguenza di ciò, la fascia di anularità diverrà progressivamente più stretta in larghezza fino ad assumere un aspetto filiforme quando si troverà vicino alla parte meridionale dell'India (non intercetta alcun lembo di terraferma in questi luoghi): qui si trova il confine fra i territori che osservano l'eclisse anulare e quelli che s'approssimano all'osservazione della totalità. Precisamente in questo punto, l'osservatore vede i diametri della Luna e del Sole coincidere perfettamente e si ammirerebbe una spettacolare cromosfera cingere completamente il Sole come fosse un anello di fuoco, con fiammeggianti protuberanze tutt'intorno.

Oltre questo punto, in cui la totalità dura solo pochissimi istanti, inizia lo stretto corridoio di totalità vero e proprio, che si spinge verso l'Indonesia e raggiunge la massima larghezza di 21 km; poco prima di incontrare l'isola di Sumatra, l'eclisse manifesta la sua massima durata (solo 38s, proprio sulla linea di centralità) e, superato questo punto, il corridoio inizierà a restringersi nuovamente, intersecando le isole di Kalimantan e Celebes, fino a raggiungere nuovamente il punto in cui l'eclisse degrada da totale ad anulare. Verso la conclusione dell'evento, l'ombra transiterà nel mare a nord della Nuova Guinea e proseguirà come eclisse anulare fin nelle acque del Pacifico, dove incontrerà il tramonto del Sole.

Chi vorrà tentare l'osservazione di questo evento, così lontano nel tempo, dovrà fare i conti con la stagione delle piogge che, in novembre, domina le regioni tropicali a cavallo dell'equatore. I luoghi migliori sono i territori dell'Arabia Saudita, anche se qui l'evento è anulare: il clima in questo periodo è generalmente mite e la stagione delle piogge, che inizia in ottobre e termina in aprile, si manifesta prevalentemente nell'ovest del Paese e sulla costa. Nelle regioni più a sud il clima è tipicamente di tipo desertico, con scarsissime precipitazioni e forti escursioni termiche.

Il lato positivo di osservare questo evento anulare risiede nel fatto che l'anello di Sole, visibile al momento della centralità, si presenterà particolarmente sottile, producendo un percettibile oscuramento nella luce ambientale; il cielo muterà colore, risultando di un colore azzurro grigio cupo e l'osservatore che saprà dove rivolgere lo sguardo, con ogni probabilità, potrà scorgere Venere brillare pallidamente a ovest dall'anello di Sole.

Epilogo

L'uomo è uno straordinario spettatore di passaggio su questo bel pianeta azzurro, ospite inconsapevole del teatro della Natura che ogni giorno prende vita e si svolge davanti ai suoi occhi, un *show* che possiamo comprendere grazie alla nostra intelligenza. I tempi in cui l'oscuramento della Luna era sinonimo di cattivo presagio sono ormai trascorsi; i secoli in cui si lanciavano frecce verso il Sole, improvvisamente diventato nero, per scacciare i demoni e i draghi che cercavano di divorarlo, sono un lontano ricordo perduto in tempi remoti.

Da sempre, attraverso ogni epoca, l'uomo si è lasciato intimorire e nello stesso tempo affascinare, da questi strabilianti fenomeni celesti, disseminando la storia di episodi che oggi ci fanno sorridere. Nell'antica Cina si credeva che le eclissi di Sole fossero provocate da un drago che, inseguendo l'astro nel cielo, periodicamente lo raggiungeva spalancando le fauci e divorandolo in pochi minuti; così la popolazione, sgomenta e attonita per il pauroso spettacolo, iniziava a far molto rumore, suonando tamburi e scoccando frecce nell'aria, per intimorire la bestia e provocarne la fuga, affinché liberasse il Sole dal suo morso.

Altrove, in Giappone, mentre il Sole si oscurava, i pozzi d'acqua venivano coperti per proteggere il prezioso liquido dal veleno che il drago poteva lasciar cadere dal cielo durante il suo pasto.

A Tahiti, il Sole e la Luna celebravano in cielo il loro matrimonio e ancora oggi alcune popolazioni dell'estremo nord credono che i due astri lascino per qualche tempo la loro casa celeste per controllare che sulla Terra tutto stia procedendo per il meglio. In Mongolia, le popolazioni nomadi salutano il Sole che si oscura facendo rumore, percuotendo pietre, pentole e suonando i campanacci del bestiame.

Erodoto (484-425 a.C.), il grande storico greco, racconta che il terrore generato dall'oscuramento del Sole fece terminare, nel 858 a.C., la guerra che si combatteva da oltre quindici anni fra i Lidi e i Medi; intenti a darsele di santa ragione sul campo di battaglia, i due popoli in lotta vennero sorpresi dall'improvviso calar della notte a mezzogiorno: fra lo stupore generale e il terrore dilagante, le due popolazioni interpretarono la scomparsa del Sole come un segno divino di condanna per il lungo e sanguinoso periodo bellico e, frettolosamente, ristabilirono una pace lunga e duratura.

Anche in secoli più recenti, le eclissi continuarono ad essere riguardate come espressioni della collera divina. Cristoforo Colombo, durante uno dei suoi viaggi nel Nuovo Mondo, riuscì a intimorire gli indios sfruttando la sua conoscenza della data di un'eclisse di Luna. Davanti al rifiuto delle tribù indigene di rifornire le sue navi di provviste, egli annunciò che la Luna sarebbe scomparsa dal cielo a causa della collera divina, e così fu: mentre l'ombra terrestre inghiottiva lentamente la Luna, Colombo ottenne tutto ciò che chiese, allorché annunciò che Dio aveva perdonato gli indios grazie al gesto di generosità e che avrebbe restituito loro la Luna. Cosa che, puntualmente, avvenne poco dopo.

La storia è ricca di episodi e aneddoti di questo tipo, arrivati sino a noi grazie ai miti, alle leggende e agli scritti che si sono tramandati attraverso i secoli. Di nuovo un'altra guerra, quella del Peloponneso, fu teatro dell'eclisse anulare verificatasi il 3 agosto 431 a.C. e anche negli *Annali* di Plinio fa capolino un'eclisse totale di Sole, verificatasi il 30 aprile 59 d.C.; altre osservazioni riportano di un'eclisse vicina alla data di nascita di Maometto, l'evento totale del 24 novembre 632.

La prima descrizione scientifica dell'aspetto della corona solare è di diversi secoli dopo, risalendo al 22 dicembre 968: essa è giunta a noi grazie a uno scrittore che, da Costantinopoli, osservò e raccontò l'episodio, descrivendo chiaramente l'aspetto dell'iridescente drappo di luce che avvolgeva il Sole nero. Si deve però attendere l'eclisse del 22 maggio 1724 per capire, finalmente, che la fulgida e splendente corona è una struttura del Sole e non, come si riteneva fino a quel momento, un fenomeno atmosferico terrestre, né qualcosa dall'essenza divina o soprannaturale.

Le eclissi si ripetono attraverso i secoli e, ormai prossime ai giorni nostri, il loro meccanismo viene finalmente compreso; le osservazioni si fanno più intense, l'evento perde il suo alone mistico e viene scientificamente spiegato. Le eclissi di Sole, in particolar modo quelle totali, vengono utilizzate per studiare la corona solare e per verificare se il diametro della stella rimane costante nel tempo. A questo proposito, sono di grande aiuto le antiche eclissi storiche: si possono calcolare le eclissi occorse in tempi arcaici ed è possibile capire se un fenomeno previsto totale è stato effettivamente osservato come tale, oppure come anulare. Nel secondo caso, sarebbe legittimo il sospetto che il diametro solare non si mantenga costante nel tempo, ma finora le analisi escludono qualsiasi variazione.

Gli scritti e le osservazioni del passato sono anche serviti anche per capire come l'effetto di marea, causato dalla Luna, provochi una sorta di attrito che rallenta progressivamente la rotazione terrestre attraverso i secoli. Eclissi storiche, per le quali disponiamo di fonti certe, non si sarebbero mostrate affatto nel luogo da cui sono state compiute le osservazioni se non si introducesse, nel calcolo del percorso della fascia di totalità, la correzione relativa al rallentamento della rotazione terrestre. Ad esempio, alcune cronache cinesi indicano che nel 181 a.C. un'eclisse di Sole fu osservata nell'allora capitale Chang'an; ma, se si calcola la traccia della fascia di totalità senza tener conto del rallentamento della rotazione terrestre, l'eclisse sarebbe transitata 51° più a ovest della capitale.

Fra gli eventi moderni, l'eclisse più celebre è indubbiamente quella del 29 maggio 1919, che mise alla prova la teoria della Relatività Generale enunciata da Einstein pochi anni prima, nel 1916. L'astronomo inglese Sir Arthur Eddington, insieme al suo gruppo di collaboratori, osservò l'eclisse totale dall'isola Príncipe, nell'Oceano Atlantico, e registrò una serie di fotografie della corona e delle stelle che brillavano vicino a essa: in completo accordo con quanto prevedeva la teoria dello scienziato tedesco, le stelline prossime al disco del Sole non si mostravano nelle posizioni in cui si sarebbero dovute trovare, ma erano leggermente spostate a causa della curvatura locale dello spaziotempo attorno alla massa del Sole, proprio nella misura prevista da Einstein.

La corsa attraverso i millenni, fra miti, leggende e rudimentali spiegazioni scientifiche, arriva ai tempi nostri, dominati dai telescopi e dalle sonde spaziali. Oggi le eclissi non sono più i terribili eventi che annunciano la fine del mondo, degli imperi o dei regnanti; rimangono comunque fenomeni in grado di suscitare profonde emozioni negli spettatori che, impotenti, osservano il Sole scomparire dal cielo o la Luna colorarsi di rosso.

Viaggiare alla ricerca di un'eclisse di Sole, oppure salire sulla cima di una montagna e rimanere immersi nella notte stellata e silenziosa, aspettando che la Luna pian piano venga oscurata dalla Terra, significa avvicinarsi alle meraviglie che popolano l'Universo con spirito scientifico e concreto, ma anche con aria trasognante. C'è tutto un mondo da capire e scoprire che dimora sopra di noi, un Cosmo sconfinato che evolve e muta giorno dopo giorno, contribuendo a dare un ritmo alla nostra vita.

Per molti di noi, giunti alla fine di questo libro, il viaggio delle eclissi sta per iniziare, per tanti altri, come me, continua: e al termine di ogni evento, ogni volta che questo magico fenomeno sempre uguale, eppure sempre diverso, si è consumato sopra la nostra testa, è spontaneo e quasi automatico domandarsi: "A quando la prossima eclisse?".

Un sofisticato *software* di elaborazione messo a punto dall'autore dell'immagine ha permesso di evidenziare i magnifici dettagli delle strutture coronali vicino al bordo solare, insieme con quelli della rossa cromosfera. (cortesia di Miloslav Druckmüller)

Nel secondo contatto dell'eclisse totale di Sole del 29 marzo 2006, l'anello di diamanti si va frammentando nei grani di Baily (quarta ripresa), liberando la visione della cromosfera e delle protuberanze. (cortesia di Lorenzo Comolli e Alessandro Gambaro)

Avvicinando fra loro varie immagini dell'evento è stato possibile ricostruire la sequenza dell'eclisse totale di Luna del 3 marzo 2007, dal momento dell'inizio della parzialità fino alla conclusione del fenomeno. (Marco Bastoni)

La tecnica dell'HDR (*High Dynamic Range*) permette di registrare su un'unica immagine i dettagli sia della superficie lunare ancora illuminata dal Sole, sia di quella in ombra. Il risultato si avvicina a ciò che l'occhio umano riesce a vedere durante un'eclisse di Luna. (cortesia di Antonio Finazzi)

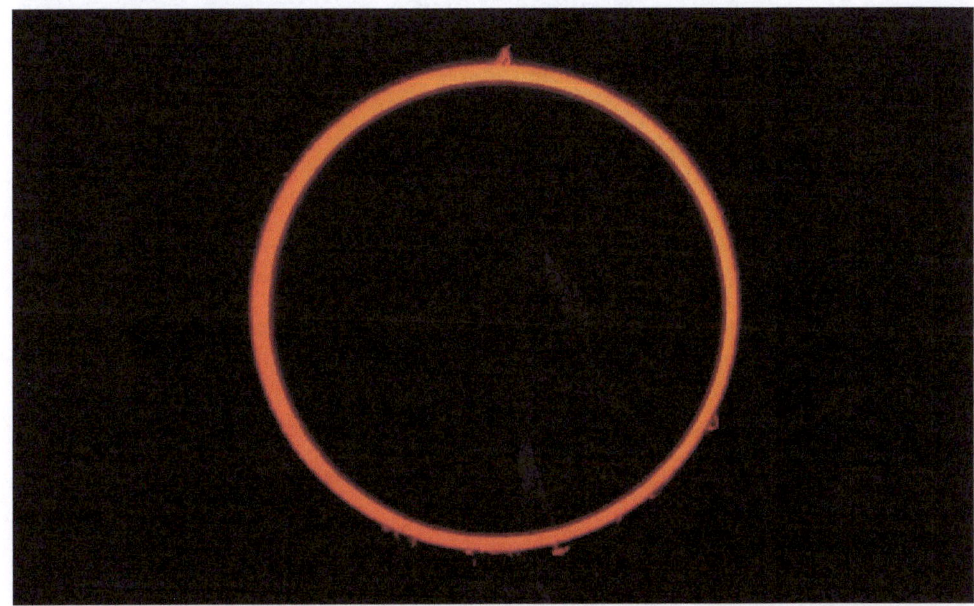

L'istante centrale dell'eclisse anulare di Sole del 3 ottobre 2005. L'utilizzo di un telescopio dotato di filtro H-alfa ha permesso di riprendere numerose protuberanze. (Marco Bastoni e Stefano Filzoli, Tarancón – Spagna)

La totalità dell'eclisse di Luna del 15 maggio 2011 arrivò quando il cielo era ancora chiaro e la Luna era sorta da poco. In queste circostanze, è bello inquadrare la Luna eclissata con elementi del paesaggio. (Marco Bastoni)

Collana Le Stelle

Martin Mobberley
L'astrofilo moderno

Patrick Moore
Un anno intero sotto il cielo
Guida a 366 notti di osservazioni

Amedeo Balbi
La musica del Big Bang
Come la radiazione cosmica di fondo ci ha svelato i segreti dell'Universo

Martin Mobberley
***Imaging* planetario**
Guida all'uso della *webcam*

Gerry A. Good
L'osservazione delle stelle variabili

Mike Inglis
L'astrofisica è facile!

Michael Gainer
Fare astronomia con piccoli telescopi

George V. Coyne, Michael Heller
Un Universo comprensibile
Interazione tra Scienza e Teologia

Alessandro Boselli
Alla scoperta delle galassie

Alain Mazure, Stéphane Basa
Superstelle in esplosione

Jamey L. Jenkins
Come si osserva il Sole
Metodi e tecniche per l'astronomo non professionista

Govert Schilling
Caccia al Pianeta X
Nuovi mondi e il destino di Plutone

Corrado Lamberti
Capire l'Universo
L'appassionante avventura della cosmologia

Daniele Gasparri
L'Universo in 25 cm

Marco Bastoni
Eclissi!
Quando Sole e Luna danno spettacolo in cielo

Di prossima pubblicazione
Bojan Kambič
Le costellazioni al telescopio
Trecento oggetti celesti da riconoscere ed esplorare

ISBN 978-88-470-2711-4
€ 20,00